求是智库
ZJU Think Tank

舟山群岛新区自由港研究丛书

丛书主编 罗卫东 余逊达

海洋生态环境保护
与舟山群岛新区建设

Protecting the Marine Eco-environment
and Constructing the New Development Zone
in Zhoushan Islands

林卡 黄蕾 白莉◎著

ZHEJIANG UNIVERSITY PRESS
浙江大学出版社

图书在版编目（CIP）数据

海洋生态环境保护与舟山群岛新区建设／林卡，黄蕾，
白莉著. —杭州：浙江大学出版社，2017.3
ISBN 978-7-308-16065-0

Ⅰ.①海… Ⅱ.①林… ②黄… ③白… Ⅲ.①海洋环
境－生态环境保护－研究－浙江 Ⅳ.①X321.255

中国版本图书馆 CIP 数据核字（2016）第 166250 号

海洋生态环境保护与舟山群岛新区建设

林 卡　黄 蕾　白 莉著

丛书策划	王长刚　朱　玲　陈佩钰
责任编辑	姜井勇
责任校对	杨利军　夏斯斯
封面设计	项梦怡
出版发行	浙江大学出版社
	（杭州市天目山路 148 号　邮政编码 310007）
	（网址：http://www.zjupress.com）
排　　版	杭州中大图文设计有限公司
印　　刷	杭州日报报业集团盛元印务有限公司
开　　本	710mm×1000mm　1/16
印　　张	14.75
字　　数	219 千
版 印 次	2017 年 3 月第 1 版　2017 年 3 月第 1 次印刷
书　　号	ISBN 978-7-308-16065-0
定　　价	45.00 元

开启舟山"自由港"筑梦之旅

　　舟山群岛是中国第一大群岛,拥有 1390 个岛屿和 270 多公里深水岸线,历史上被誉为东海鱼仓和中国渔都。从地缘区位来看,舟山是"东海第一门户",地处中国东部黄金海岸线与长江黄金水道的交汇处,背靠长三角广阔腹地,面向太平洋万顷碧波,与亚太新兴港口城市呈扇形辐射之势,是我国开展对外贸易和交往的重要通道。从自然地理来看,舟山港域辽阔,岸线绵长,航门众多,航道畅通,具有得天独厚的深水港口和深水航道优势,是大型深水港及集装箱码头的理想港址。

　　舟山独特的地缘区位优势与自然地理优势,使它在 16 世纪上半叶就成为当时东亚最早、最大、最繁华的贸易港,汇聚了葡萄牙、日本等十多个国家的商人,呈现出自由贸易港的雏形。但后来由于倭寇入侵等原因,舟山成为海盗、海商与朝廷对抗的地方。明朝开始实行的"海禁"政策,使舟山的区位优势和地理优势未能转化为支撑舟山经济发展的产业优势。鸦片战争期间,那些来到舟山的侵略者也是既惋惜又赞叹它优越的地缘区位和自然禀赋。一名英国海军上校在信中就曾这样写道,"舟山群岛良港众多……如果英国占领舟山群岛中的某个岛屿,不久便会使它成为亚洲最早的贸易基地,也许是世界上最早的商业基地之一……其价值不可估量"。然而,晚清以来,政府孱弱无能,舟山的岛屿价值和港口优势并没有得到应有的重视和开发。因此,在近代中国百年历史中,舟山一直以"渔都"存在着,无人梦及"自由港"。

新中国成立后特别是改革开放政策实施以来,舟山开始焕发勃勃生机,它的地缘区位优势与自然地理优势也受到广泛关注。随着改革开放的深化,2011 年 6 月 30 日,国务院正式批准设立浙江舟山群岛新区,舟山成为我国继上海浦东、天津滨海和重庆两江之后设立的第四个国家级新区,也是首个以海洋经济为主题的国家级新区,舟山群岛的开发开放上升成为国家战略。2013 年 1 月 17 日,国务院批复了《浙江舟山群岛新区发展规划》,明确了舟山群岛新区的"三大定位"(浙江海洋经济发展先导区、全国海洋综合开发试验区、长江三角洲地区经济发展重要增长极)和"五大目标"(我国大宗商品储运中转加工交易中心、东部地区重要的海上开放门户、重要的现代海洋产业基地、海洋海岛综合保护开发示范区、陆海统筹发展先行区),舟山的国家战略使命更加清晰。而后,随着我国"一带一路"战略的提出,2014 年 11 月,李克强总理在考察浙江期间指出,舟山应成为"21 世纪海上丝绸之路"的战略支点。殷殷期许承载了多少历史的蹉跎、时代的重托。

根据国际经验和中国的发展目标及具体情况,我们认为,为实现舟山的战略使命,关键在于利用舟山的地缘区位优势与自然地理优势,把舟山创建成中国大陆首个自由贸易港区。这既是舟山对国务院提出的"三大定位"、"五大目标"的深入贯彻,也是舟山"四岛一城一中心"建设目标的突破口和核心环节,更是我国发展海洋经济、创建国际竞争新优势的重大举措。

把舟山创建成中国大陆首个自由贸易港区,其技术路线图大致是:综合保税区→自由贸易园区→自由港区。具体而言,第一步,建设综合保税区,让舟山先拥有传统的海关特殊监管区;第二步,选择合适的区域建设舟山自由贸易园区,实行国际通行的自由贸易园区政策,实现贸易自由、投资自由、金融自由和运输自由,成为中国大陆经济活动自由度最高、最活跃的地区。第三步,争取将舟山全境建设成自由港区,实现贸易和投资自由化,成为能与德国汉堡、荷兰鹿特丹、新加坡、中国香港等相媲美的自由港。

自由港作为国际通行的一国或地区对外开放的最高层次和最高形态,其建设内容是多方面的,比如推动建立完备的自由贸易区法律体系,建立简洁高效的自由贸易区管理体制,逐步放开海关监管、提高海关工作效率,促进金融制度改革等。同时,这些改革举措如何与国家的宏观制度环境相契合,也需要认真考量和应对。这就需要我们从国家战略的角度,先期进行科学的理论研究和顶层设计。基于这样的思路,从2013年开始,浙江大学社会科学研究院设立"浙江大学文科海洋交叉研究专项课题",组织金融、管理、贸易、法律、生态等相关领域的专家学者,一方面研究借鉴国际上相关经验,一方面深入舟山进行调查研究,多领域、多角度、多层次地提出问题和分析问题,进而为舟山群岛新区"自由港"建设提供理论论证和决策咨询建议。现在,我们将成果结集为"舟山群岛新区自由港研究丛书",并作为"求是智库"系列丛书之一献给大家,以响应我国"一带一路"战略和海洋强国战略建设的伟大号召。

是为序。

余逊达

2016 年 12 月 8 日

前　言
环境保护、海洋生态与中国的社会经济发展

在过去的两百年间,随着工业化和城市化进程的推进,人类不断地开发和利用各类自然资源来改善和提高自身的居住条件和生活水平,并逐渐成为自然界的主宰。人们征服自然能力的增强和生产生活方式的转变,使人类对自然环境造成的影响日益增大。与此同时,当今世界人口的急剧增长也导致人类消费需求日益增长,对日常消费品的要求不断提高。这就形成自然资源的有限性与人类开发能力的无限性这对矛盾,而且两者间的冲突日益尖锐。此外,地球的生态系统持续退化、生物多样性不断减少甚至局部丧失、环境的污染与破坏,也带来了多方面的环境和社会问题,使人类社会可持续发展所面临的挑战日益严峻。这种状况要求我们深入地思考如何处理好经济发展与环境的矛盾,建立人口、资源和环境三方关系统筹协调发展的机制,以保护人类社会生存和延续的基本条件。这不仅影响着我们目前的生活状况,也关系到未来全球发展的持续性、社会大众的生活能否幸福富裕,以及民众的生活质量能否得到保证这些重大问题。

由此,自 20 世纪 90 年代以来,生态环境保护和可持续发展问题逐渐成为各国社会所共同关注的公共问题,也成为各种国际组织在全球治理方面所讨论的重大议题。环境保护成为世界各国社会经济发展所面临的新要求,这种要求反映在包括联合国在内的国际组织和包括欧盟在

内的区域性组织的各种官方文件中。比如在 1980 年,包括世界银行在内的 10 多家国际多边合作组织共同发布了《关于经济开发中的环境政策及实施程序的宣言》①;此后,联合国环境与发展大会在 1992 年所通过的《里约环境与发展宣言》中也强调:"各国应本着全球伙伴关系的精神进行合作,以维持、保护和恢复地球生态系统的健康和完整。鉴于造成全球环境退化的原因不同,各国负有程度不同的共同责任。发达国家承认,鉴于其社会发展对全球环境造成的压力和它们掌握的技术和资金,它们在国际寻求持续发展的进程中承担着责任。"该文件指出,由于发展中国家(尤其是最不发达国家)在环境保护方面缺乏资金和其他资源的投入,世界组织对于那些环境最易受到损害的国家的情况要给予优先的考虑,使全球在环境和发展领域采取的国际行动能够符合各国的利益和需要②。

为了应对生态环境与人类生活之间所产生的矛盾,欧盟各国相继制定了一系列政策措施。自 1992 年的《马斯特里赫特条约》颁布之后,欧洲各国在环境保护领域提出了促进和谐发展,营造持久稳定、无通胀且相互尊重的社会发展和环境改善的目标③。2007 年通过的《里斯本条约》,更是把环境保护作为欧盟发展的基本目标④。自那以后,欧盟陆续颁布了诸多环境政策和条约条例,为区域的可持续发展提供了价值规范和政策指南。在 2013 年通过的《走向 2020:在地球可承受的范围内构建幸福生活》中,欧盟委员会设立了在 2020 年前在环境领域需要实现九大战略任务的目标,进一步推进欧盟各国发展成为一个资源利用效率高

---

① 英文名为"The Declaration of Environmental Policies and Procedures Relating to Economic Development"。

② 新华网. 里约环境与发展宣言[EB/OL]. http://news. xinhuanet. com/ziliao/2002-08/21/content_533123. htm,2002-08-21.

③④ Papadaki, O. European Environmental Policy and the Strategy:"EUROPE 2020"[J]. Regional Science Inquiry Journal,2012,4(1):151-158.

的绿色低碳经济体,以提高欧盟整体竞争力①。为履行上述指导性纲领,欧盟及其各成员国也相继制定或调整了与环境相关的经济发展战略和政策②。

但即便如此,许多发展中国家在经济建设和生态文明建设方面所遇到的矛盾仍然日益突出。这使协调经济建设和生态环境保护之间的矛盾成为这些国家发展的瓶颈问题。特别是在亚洲地区,新兴经济体的崛起常常以严重的环境破坏为代价,通过大量消耗资源的制造业增长来拉动经济发展,从而导致经济增长对环境产生了巨大的压力。根据各国的发展经验,当一个国家处在工业化水平较低的阶段时,其社会经济的发展常常伴随着资源开采和环境污染,这给当地的生态环境带来了不容忽视的破坏作用。而且,若这些国家以 GDP 的增长作为社会发展导向,它们往往就会忽视环境保护的重要性。当然,全球环境污染的责任不能仅仅由发展中国家来承担,也要由后工业化国家来分担。绿色和平国际组织(Greenpeace International Organization)2005 年的调查报告显示,全球每年产生五亿多吨工业废物(主要是过期电子产品),其中大部分是来自于发达国家生产的工业垃圾和电子有毒垃圾。况且,为减少对本国领土和领海的环境污染,美英等发达国家每年都会向工业生产较为落后的发展中国家转运规模庞大的污染物和废弃物。这也给发展中国家的环境建设带来了严重的损害③。

在涉及环境保护事业的各项议题中,海洋生态保护是极为重要的内容。海洋是人类生存环境的重要组成部分,地球有超过三分之二的地表面积被海水覆盖。海洋不仅能够调节气候、防止水土流失,也起着积累

---

① 其余八大目标包括:保护、节约并增强欧盟各国的自然资本;确保欧盟公民的健康幸福,使其免受环境相关的风险和压力;完善欧盟现有环境立法的执行机制,使政策效用实现最大化;提高环境领域的学术知识,扩展政策制定的实证资料基础;保障对环境与气候政策领域的资金投入,为各类社会活动进行环境成本评估;将环境问题更好地融入到其他政策领域中,确保新旧政策之间的连贯一致性;实现欧盟各成员国内的城市可持续发展;协助欧盟各国更有效地参与和解决国际环境与气候挑战. 引自 European Commision. Living Well, within the Limits of Our Planet——The General Union Environment Action Programme to 2020[EB/OL]. http://ec. europa. eu/environment/pubs/pdf/factsheets/7eap/en. pdf,2013.

② 详见本书第三章的论述。

③ 李静云. 严重的国际环境违法事件——科特迪瓦毒垃圾事件的国际法分析[J]. 世界环境,2006(5):19-22.

并输送太阳能、吸收二氧化碳等维护生态平衡的作用。此外,海洋容纳了占地球总量近 90％的生物①,因而在保护生物多样性方面的地位至关重要。可见,海洋的生态环境状况与人类社会的生存之间有着必然的内在联系,其对人类社会的发展也有着极为重要的影响。为此,2012 年联合国发布的题为《我们想要的未来》(The Future We Want)的研究报告,尤为强调海洋、海域、沿海生态系统的健康对地球可持续发展的重要性,并对涉及海洋资源与环境的许多相关问题提出了指导性的建议②。

值得我们注意的是,海洋虽然蕴含着丰富的资源,但其生态系统也十分脆弱,极易受到资源过度开采和环境污染的破坏。工业社会以来,人类为追求经济利益而滥捕海洋生物、滥采海洋能源,不断索取海洋资源。过度开采使原有的海洋生态系统偏离了稳定平衡的自然状态,致使海洋栖息地大幅度减少,海洋生态环境受到严重损害。据预测,如果海洋污染的情况继续加剧,珊瑚礁等海洋生物有可能在未来 20 年消失三分之二,海洋物种多样性的延续和海洋资源的再生产也将随之受到威胁,这会加剧海域内生物群落的类型单一化的程度,而其对人类的支撑作用也将面临削弱的困境③④。与此同时,海洋生态系统结构的改变又将进一步带来各类生物生产力降低、植被破坏、水土流失等副作用。这种情况要求决策者与学者们客观评估人类的经济开发活动对生态环境产生的效应,采取相应的政策和行动来切实推进生态文明建设,促进海洋生态经济的可持续发展。同时,对现有的各类海洋生物进行科学管理和保护,对退化的海洋生态系统进行恢复和重建,都是各级政府和各国乃至全球治理在环境保护方面的关键任务。

---

① European Commision. Environment Fact Sheet: Protecting and Conserving the Marine Environment[EB/OL]. http://ec. europa. eu/environment/pubs/pdf/factsheets/marine. pdf,2006.

② United Nations. The Future We Want: Outcome Document Adopted at Rio＋20[EB/OL]. http://www. uncsd2012. org/content/documents/727The％20Future％20We％20Want％2019％20June％201230pm. pdf,2012.

③ 唐晔,赵惠莲. 素食,呼唤绿色回归[J]. 沪港经济,2011(9):79.

④ Rogers, A. D. & Gianni, M. The Implementation of UNGA Resolutions 61/105 and 64/72 in the Management of Deep-Sea Fisheries on the High Seas[D]. Report Prepared for the Deep-Sea Conservation Coalition. International Programme on State of the Ocean, London, United Kingdom,2010.

　　由于海洋的生态环境保护需要体现出区域性和公共性,因而各国都要承担起相应的海洋生态建设责任①。所谓的海洋"公共性"和"共享性",是人类基于对海洋的理解产生的新概念。在美国学者艾莉诺·奥斯特罗姆提出的海洋公共池塘理论中,"海洋"已从过去的"边缘地位"转变为"中心地位"。她认为,海洋生态环境的保护与修复应被视为推进全球经济可持续发展的基础。这就要求人们使社会生态与自然环境系统相协调,并倡导"社会和生态系统可持续发展分析框架"②。基于这一理论,我们需要对生态系统的压力进行检测,并根据当地的情况采取相应的措施。要进行统筹安排,把生态环境建设作为临海省份社会经济发展的重要指标和中国生态文明建设的基本内容。只有充分运用先进科学技术来推动绿色经济和循环经济的发展,才能真正实现可持续发展。

　　中国是一个海洋大国,领海范围十分宽广,在东部沿海地区拥有漫长的海岸线。中国拥有 300 万平方公里的海域面积,沿海省份陆地总面积达 125 万平方公里,占全国陆地总面积的 13%,承载人口达 5 亿人,占全国的 40%,GDP 占全国的 58%。③ 2007—2014 年,海洋经济在我国国内生产总值中的地位与作用不断提升,涉海就业人员达 3500 万左右④,海洋经济产值大多占当年 GDP 的 10%左右,成为国民经济中的重要构成部分⑤。然而,作为拥有丰富海洋资源的国家之一,中国海洋产业和海洋经济在快速发展的同时,也面临着严峻的挑战。我们常常看到一些地区在发展过程中,为片面追求地区的经济增长而忽略了环境保护问题,从而导致本地区付出很高的环境代价。中国的生态环境状况在经济的快速发展进程中不断恶化,以过度消耗资源来发展地区经济的做法也付出了高昂的环境代价。同时,海洋资源的过度开发和土地利用的野蛮扩张,也对生态环境的可持续发展构成了严重的挑战。这些问题已经

　　① 黄建钢."浙江舟山群岛新区·现代海上丝绸之路"研究[M].北京:海洋出版社,2014.
　　② European Commision. Environment Fact Sheet: Protecting and Conserving the Marine Environment[EB/OL]. http://ec. europa. eu/environment/pubs/pdf/factsheets/marine. pdf,2006.
　　③ 王在峰.海州湾海洋特别保护区生态恢复适宜性评估[D].南京:南京师范大学,2011.
　　④ 中国国土资源报. 2013 中国国土资源公报(摘登)[EB/OL]. http://www. gtzyb. com/yaowen/20140422_62508. shtml,2014-04-22.
　　⑤ 孙家韬.中国海洋区域经济格局亟需深度调整[J].开放导报,2010(3):106-110.

引起中央政府和社会各界的高度关注。

近年来,中央政府倡导生态文明建设,并把这一工作任务提升为社会经济发展战略的总体目标之一,提出要在经济、政治、文化、社会、生态五个方面共同推进文明建设。特别是在沿海各省的经济建设中,如何使经济发展和环境保护协调平衡、强化海洋生态保护等问题也被列入了沿海各省的政策工作中。事实上,如果我们不能很好地处理经济发展与生态保护的矛盾,那么快速的经济发展反而会成为人类可持续发展的负担。自 2011 年 6 月舟山成为全国首个以海洋经济为主题的国家级新区以来,中央给予的扶持政策和相应的人力、物力和财力投入都有助于带动舟山地区的发展。2013 年中央提出了"一带一路"战略,对于实施强海战略和面向海洋的发展起到巨大的推进作用。作为我国首个以"海洋经济"为主题的新区先例,舟山的地理位置和发展目标都与"一带一路"建设相契合。在中国大力推进海洋战略和发展港口经济的过程中,舟山新区获得了新的前进动力。

在讨论中国海洋生态保护和海洋经济发展的问题时,舟山群岛具有独特的地位。舟山群岛面临东海,地处中国经济最为发达的东南沿海区域,这一区域向东一直延伸到东海,其海域覆盖面积很大,是东部海岸线重点开发区域。新区内除了舟山本岛外,还包括岱山、普陀、朱家尖、衢山、六横、嵊泗等岛屿以及其他离岛领域。在自然地理优势方面,舟山新区拥有众多深水岸线,港口资源颇为丰富,可容纳并通行巨型船舶,因而能够成为我国东南沿海地区建设大型深水港的理想港址,也可以作为国际货运航线的中转站以及沟通我国南北海运和长江流域水运的江海联运枢纽。舟山所具有的这种自然条件优势,使其能够大力发展临港工业、转口贸易以及港行物流等海洋经济。

除了拥有上面提到的战略性地理优势外,舟山还具有诸多的社会经济和人文底蕴优势。舟山新区是长江三角洲地区的海上门户和中国向外发展的前沿基地,在中国海洋经济的发展中具有重要的地位。而且,舟山渔场是中国最大的渔场,年捕鱼量可达 130 万磅[①]。舟山群岛渔场的状况能够反映东海渔业资源的保护和海洋生态的总体状况,可以为我们研究海洋生态的保护和自然生态圈的平衡提供丰富的资料。舟山也是我国唯一由群岛构成的城市,具有海岛城市和文化名城双重特点。近年来,宁波—舟山跨海大桥的建设为新区的发展提供了现实基础。这些变化促使舟山不断进行产业转型升级并设立新的发展目标,在汇集宁波和上海等地海洋资源的基础上,舟山有条件成为海上丝绸之路枢纽港的最佳选择地区[②]。在人文底蕴优势方面,舟山近年来逐渐发展起来的"普陀观音文化"、沙雕艺术文化和渔村民俗文化等,都已成为推动其发展海洋生态旅游等新兴海洋经济的主要动力。从海洋环境保护的意义上说,舟山新区的海陆统筹建设先例对于我国东部沿海地区社会经济的发展也具有非常重要的意义。

　　当然,在如何有效地发挥舟山群岛作为海洋城市的优势,使其在保护中国东海生态环境中起到积极的作用,以及如何使地区经济发展与海洋保护的目标相结合等方面,仍然存在许多值得探讨的问题。例如,黄建钢在《浙江舟山群岛新区·现代海上丝绸之路研究》一书中提出,可以依托"五边形"海域构建"中型海洋社会"的战略,形成中日韩三国共识互信、互鉴共赢的理念,倡导"和谐海洋观"[②]。也有学者提出,应强化把舟山新区的发展与海洋文化产业相结合的发展方向,大力拓展与自然人文条件相协调的可持续发展新路径。还有的学者强调,在开发建设过程中,舟山地区的经济发展要充分考虑自然生态环境条件,遵守国家的相关法律法规,杜绝掠夺性开发和野蛮的资源掠夺行为,以避免走"先污染后治理"的发展老路。他们建议把传统渔业和城市发展、土地开发等产业密切联系起来,并结合舟山市海岛经济的特点,形成具有独特功能的转型经济成长模式。这些讨论都为本书研究的展开奠定了基础。

　　本书将结合舟山海洋经济的发展和区域规划等议题来讨论海洋生

---

　　① 中加商业周刊.3000亿开发大计——浙江舟山新区人大主任钟达专访[EB/OL].http:// ccbt.ziologic.com/main.asp? s_id=10080&mp_id=5912&lg_id=34&newsid=401.
　　②② 黄建钢."浙江舟山群岛新区·现代海上丝绸之路"研究[M].北京:海洋出版社,2014.

态保护问题,从保护海洋生态的立足点出发,讨论海水的污染和控制、港口发展和由此产生的各种风险,探究如何在保持舟山经济发展活力的同时,实现社会各个方面的可持续发展。本书讨论了海岛保护与开发的实践经验,深入分析舟山群岛拥有的独特资源,开发中存在的最显著的问题,并针对性地提出舟山群岛保护与开发的模式及要点。此外,本书从相关环境政策、生态补偿理论和可持续发展理论等基础出发,深入探讨了舟山区域发展问题,讨论了如何将经济发展与海洋保护结合起来,形成绿色经济发展的规划,并分析了各种政策的整合性和协调性,从而总结出有利于推动舟山新区发展的政策规划及实践路径。

在这些讨论中,本书尤为关注海洋保护与人类权利,生态多样性与人类经济行动,环境污染和环境修复等议题。这些议题倡导以发展的眼光把保护和发展结合起来,且对于自然生态的保护不应仅仅理解为一个被动的进程,更应理解成一个主动开发的过程,即在主动开发的过程中达成保护的目标。在具体的规划中,既要反映在发展规划的制订和产业分布上,也要体现在海岛花园城市的建设和降低各种污染上,并把社会规划作为重要的政策手段来使用,研究舟山下一步发展的诸多问题,确定功能区,促进工业发展和企业设立,发展港口中转和加工贸易枢纽或海岛综合保护开发示范区[1],维护良好的海洋生态环境。本书以舟山群岛新区建设作为讨论对象,但其所拟达到的目标并不仅仅局限于对地方问题的讨论,而是力求具有更一般性的意义。

---

① 法制生活网. 我国八个国家级新区创建历程[EB/OL]. http://www. fzshb. cn/News/201401/44559. html,2014-01-24.

目 录

第一章
海洋生态的保护与中国的海洋

第一节　海洋生态保护及其关键问题

海洋覆盖地球表面约 71％的面积，蕴藏着丰富的物种资源和能源，是人类社会赖以生存的生物基础。海洋不仅为人们提供了丰富的食物，也为人类海上经济交往提供了便捷的运输路径。对于这些资源，人类要有科学的认识并进行理性的开发与利用，调整好人和海洋的关系。对海洋生态环境的保护是确保人类社会可持续发展的前提条件，也是我们实施海洋强国战略的基本内容。基于海洋保护的理念，我们不应仅仅把海洋理解为人们掠夺和征服的对象，更应将其视为与人类和谐共处的"朋友"。在推进海洋开发和经济发展的过程中，我们要处理好开发和保护的辩证关系，不应仅仅根据人类的需求和所具有的能力去征服海洋，更要尊重自然规律，从人与自然的关系、人居环境与生态维护、生活的丰裕和可持续发展等多重视角来理解海洋的作用，综合考虑这些因素之间复杂的相互关系，以期达到各方面利益的平衡和取得共赢的成果。

然而，事实上，随着人类征服自然和改造自然能力的不断增强，人类的开发活动给自然生态的维护带来了严峻的挑战。人们对于鱼类资源的滥捕滥捞使海洋资源过度消耗并走向枯竭。人类活动造成的对于海洋的污染不断严重,工业革命和人类的生产活动也使大气环境变化出现异常,从而使全球气候异常并给整个海洋生态系统带来破坏性的影响。例如,在渔业资源方面,目前东海的过度捕捞使可捕捞的鱼类品种日渐减少,特别是在东海渔场中传统鱼类(如原生的带鱼和小黄鱼)的数量急剧下降。显然,如果我们不能善待自然,就会受到自然的报复。因此,只有明确"人与海洋和谐相处"的道理,培育海洋观念,倡导人与海洋和谐共处理念,才能使海洋渔业资源得到休养生息,也才能维护良好的海洋生态环境。

在中国,海洋生态环境保护问题的严峻性也十分明显。中国是一个海洋大国,是拥有 1.8 万多公里大陆海岸线的国家。沿海居民以海为生,在传统上尊崇海洋、敬畏海洋,从事开发海洋的各种活动。著名的郑和七下西洋的探索开辟了亚非海上航路并传播了中华物产和文明[①],对于中国发展海洋文化起到了不可磨灭的作用。当然,与在海洋文化的培育下成长起来的古希腊文明、地中海文明和古埃及文明相比,中华文明的传统具有内陆导向。这种导向在历史上限制了中华民族的海洋开发活动。特别是在清朝实行的数次海禁,强化了内陆取向。这种取向削弱了人们对海洋对于国家发展和民族兴亡的意义的认识。但是,到了 21 世纪,人们对海洋资源开发的重要性的认识越来越明确。这种对海洋的关注,既源于当代社会在全球化进程的影响下关注人与自然(海洋)之间休戚相关的联系,也源于 21 世纪以来不断加剧的世界各国间的海洋竞争,这种竞争促进了当代中国海洋开发意识的觉醒。

同时,这种变化也是由中国经济发展的阶段性所推动的。中国正在进入"海洋世纪",经历由以往的内陆国家走向海洋国家建设这一目标的转变。这一转变势必会带动国家发展战略的转变,促使政府在实施强海战略中加大投资和政策倾斜,提高海洋经济在国民经济中的地位。这一

---

① 百度百科. 海洋文明［EB/OL］. http://baike. baidu. com/link? url＝AnWqYoaQASv 6jPN-cbIZeOBCoY382hEN1qsHTjAsj6xzO-8Xrevbu4wqdYexJHFlQoNqg7JDuOWhee2Sot3ZDK, 2015-07-04.

发展战略的实施也将带动国家发展总体战略的变化。目前,中国正在大力推进现代海上丝绸之路建设[①],通过面向海洋的发展来发展国际关系,扩大商品市场,牵手广大的发展中国家,在国际舞台上积极拓展发展空间。这一战略的推进以海洋航线和航运合作为主导,通过形成一种由政府、社会和民间力量组合而成的海洋开发立体结构来实施。对具有以内陆为导向传统的中国来说,这些在海洋强国建设方面所进行的工作显然是全新的任务,也是我们所面临的严峻挑战。在此发展过程中,如何把海洋经济的发展与社会发展相结合,把开发海洋与保护海洋生态体系的任务相结合,把以往的内陆导向转化为关注海洋、保护海洋、开发海洋的目标,都是需要我们在实践的过程中不断解决的问题。

从技术层面上说,海洋生态系统是一个复杂的体系,其保护工作涉及多方面的任务,包括防治海水污染、保护生物多样性和修复生态系统,等等。在对防治海水污染的讨论中,我们会涉及陆源污染、海上污染(包括海洋运输和海上开采作业所产生的废弃物)。以港口河口污染为例,在海岸线上,港口河口的污染源既有港口城市的工业和生活污水以及废弃物,也有在修建和维护以及使用港口过程中产生的污染,包括港口船舶维修以及污染物泄漏直接对港口海水造成的污染,或者在拓深航道的疏浚过程中产生的污水污泥。此外,港口运营过程中的生产建设活动、扩张工程等带来的有毒性污水排放也会造成海洋污染,这些都要求政府和相关涉海企业在港口污染预防和修复方面建立统一的预防和处理机制。例如,在国际经验中,研究者基于对荷兰鹿特丹港口的航道拓展和改造的调查,提出港口城市要建立涉海环境监测机制和统一的港口环境评测标准,以促进各国间的合作及监管[②]。这些都是针对海洋生态环境保护的需求,来开展综合治理的必要措施。

当然,保护生物多样性也是海洋生态系统保护的一个重要内容。根据一些学者的估计,全球陆地、湿地和海洋三大生态系统中的生物多样

① 黄建钢.“浙江舟山群岛新区·现代海上丝绸之路”研究[M].北京:海洋出版社,2014.
② Ng, A. & Song, S. The Environmental Impacts of Pollutants Generated by Routine Shipping Operations on Ports[J]. Ocean & Coastal Management,2010,53 (5):301-311.

性的服务总价值约为每年 33 万亿美元，其中超过五分之三的贡献来自海洋[①]，因而海洋生物多样性的修复工作十分重要。由于不同的海洋地区所富有的海洋资源和所哺育的海洋保护物种存在差异，海洋生态环境保护不再是单一地区或国家所面临的特殊问题，而是需要推动区域合作，以区域联动的方式来实现区域海洋生态环境政策执行的标准化。在此，一个区域合作的范例是北欧各国对于波罗的海的保护。波罗的海沿岸各国早在 20 世纪 70 年代就在赫尔辛基签署了《波罗的海区域海洋环境保护公约》，并成立赫尔辛基波罗的海海洋环境保护委员会（HELCOM）。这部公约并没有照搬相关国际海洋公约的规定，而是在国际法的基础上通过制订公约的方式来达到保护波罗的海环境的目的[②]。

再者，生态修复也是海洋生态建设的重要内容。海洋生态系统本身所拥有的自我恢复功能是整个自然生态系统的重要环节之一。海洋具有自我修复和恢复的功能。实现这一功能的基本要求是，对海洋资源的开采利用必须合理适度，并力所能及地进行海洋修复工作以便维持其可持续再生产的功能[③]。特别是在河口和海口的生态保护中，进行海岸河岸的湿地建设是维持海洋系统自我恢复功能的有效措施。要深入讨论这一问题，我们需要具体地考察海上污染和陆源污染的控制，港口建设和临港经济的发展规划，生物多样性的保护和海洋修复，以及渔民的转产安置和生活保障，发展海洋经济、海洋旅游和建设海洋文化等内容。

当然，海洋生态的保护不仅仅是技术问题，更是社会经济发展和政府决策的问题。强化海洋发展战略的研究和科学论证为我们缓解海洋污染和生态保护提供了理论基础，但要使问题得到真正的解决，还需要社会组织、企业和广大民众积极采取行动，强化民众对经济发展与环境保护之间关系的认识。对此，1980 年国际自然及自然资源保护联盟

---

① Costanza, R., d'Arge, R., de Groot, R., Farber, S., Grasso, M., Hannon, B., Limburg, K., Naeem, S., O'Neill, R., Paruelo, J., Raskin, R., Sutton, P., and van den Belt, M. The Value of the World's Ecosystem Services and Natural Capital[J]. Nature, 1997, 387: 253-260.
② 林卡，吕浩然. 环境保护公众参与的国际经验[M]. 北京：中国环境出版社，2015.
③ 王在峰. 海州湾海洋特别保护区生态恢复适宜性评估[D]. 南京：南京师范大学，2011.

（IUCN）、联合国环境规划署（UNEP）与世界自然基金会（WWF）所规划的世界自然保育方案（The World Conservation Strategy），提出生态保护与经济发展之间具有直接的关联，因为经济发展可以强化生态保护的目标，而生态保护可以实现发展的目标。同时，科学地处理发展与保护的矛盾，需要有政府确立的国民经济发展战略的引导和生态保护政策的实施。这使政府发展战略的制定和政策导引成为关键问题。在以下的章节中，我们将针对这两个焦点问题展开专门的讨论。

第二节　海洋保护与经济发展

在讨论发展和保护这对矛盾时，我们首先要意识到两者的关系不是绝对对立。从历史上看，西方大国的崛起有不少是通过对海洋的开发和利用实现的。在世界近代史上，荷兰、西班牙、英国、美国等许多强国的成长都经过了大航海时代，采取了强海路线。这不仅是因为海洋是人们赖以生存的资源，发展海洋经济也是经济发展的基本途径，更因为开拓海洋的努力鼓励了世界贸易和重商主义的导向，强化了市场经济体系，并通过物流运输和贸易服务促进了经济发展。在当代，许多沿海经济发达国家的发展均严重依赖于对海洋资源和港口资源的有效利用。各个国家和地区的经济状况与其天然禀赋优势有关联，因此如何开发和利用海洋资源，发展海洋经济，发挥比较优势，已成为所有沿海国家和地区面临的共同课题。

当代中国走向积极推行海洋强国的路径则是由新的环境所驱动的。进入 21 世纪以来，海洋在政治军事、生态经济和文化建设上的作用越来越突出[①]，国际政治风云变幻，世界各国对于海洋空间和资源的争夺日趋激烈。在对海洋权益的争夺中，我们要积极行动起来，通过发展海洋战略来保护我国海洋资源和海洋利益。随着中国的崛起，实施走向海洋

① 刘小新，陈舒劼.解评陈明义新著《海洋战略研究》[J].福建论坛（人文社会科学版），2014（5）：174-176.

的战略将是不可避免的。这是因为中国的发展已经面临越来越多资源和发展空间的约束,而向海洋拓展能为中国经济的进一步发展提供新的驱动力。在这种背景下,中国经济的发展与关注海洋利益两者应该是互相支持的,广袤的海洋给中国的进一步发展提供了新的机会。

当然,发展总是要有代价的。在理论上,我们只有采取科学的态度来开发海洋,充分利用海洋资源,就能更快更好地获得经济发展的成果。但在实际上,经济发展常常会造成污染。在开发海洋的过程中,如果对海洋进行过度的掠夺,就会造成海洋生态环境的破坏。正如我们经常看见的,许多国家在经济发展和海洋开发过程中都产生了海洋污染和海洋生态环境破坏等问题。在此,我们可以援引"环境库兹涅茨曲线"所描述的效应。根据 Grossman 和 Krueger(1995)提出的"环境库兹涅茨曲线",环境污染程度与人均 GDP 增长速度存在着明显的相关性[1]。在工业化社会发展的初期阶段,经济发展会伴随着环境破坏问题的出现;而当经济发展进入一定阶段水平后就会出现转折点,逐渐形成经济发展与环境保护间的良性互动。由此,我们要清醒地意识到这种联系,合理有效地发掘利用有限资源,注重经济与生态文明建设的协同发展[2]。这种观点与可持续发展理论的分析相互支持,例如 Ekins(2002)和 Pearce 等(2013)就提出采用"绿色增长"或"可持续发展"来代替以往单一的 GDP 发展目标的政策倡导[3]。这些关系在讨论海洋开发和海洋保护进程中的发展与保护的关系时也仍然适用。

基于这些联系,我们在展开对海洋生态保护问题的讨论时,要辩证地看待发展与保护的矛盾,避免重蹈许多国家走过的"先污染后治理"的老路。这就意味着我们在利用海洋资源时要制订合理的开发计划并依法执行,同时也要推进海洋经济和海洋科技的发展,发挥现有的优势来实现可持续发展的目标。在发展海洋经济的过程中把对海洋开发的程

---

① Grossman, G. M. and Krueger, A. B. Economic Growth and the Environment [J]. Quarterly Journal of Economics,1995, 110 (2): 353-377.

② 叶琳."可持续发展与环境保护"国际研讨会综述[J]. 日本学刊,2008(3):154-156.

③ Ekins P. Economic Growth and Environmental Sustainability: The Prospects for Green Growth[M]. Routledge, 2002; Pearce D, Barbier E, Markandya A. Sustainable Development: Economics and Environment in the Third World[M]. Routledge, 2013.

度限制在海洋生态环境的承受力之内,并对海洋开发与资源保护的要求进行综合考虑,从而使海洋经济的发展能够为提高人们的生活质量服务。同时,"环境库兹涅茨曲线"所揭示的规律也告诉我们,当经济发展达到一定的水平和规模后,人们就会加大环境投入以推进绿色发展、清洁发展和安全发展。在经济发展中,我们可以将一些经济发展后期阶段出现的保护工作环节提前实施。从现在做起,加大对预防海洋环境损害和开展海洋生态修复的投入,强化在海洋保护方面的人力、财力、物力投入,发展技术改进实现海水净化和海洋养殖等工程,为维护海洋生态的可持续发展提供相应的物质基础。

由于发展与保护这对矛盾突出地反映在港口开发的问题上,我们这里以港口开发为例来对如何处理这对矛盾展开具体的分析。港口开发对于处理陆源污染和海洋污染都是十分关键的议题,也是沿海经济发展的重要议题。港口建设既为发展海洋经济提供基地,也是沿海城市发展的重要着力点,因而它与沿海地区的经济发展关系重大。从国际上看,临港经济的发展和与此配套的金融地产等产业的发展可以带动地方经济的起飞,对国家的经济发展起到重要的服务作用。但同时,临港产业的发展也会影响港口水域和河口水域的状况。从国际经验看,荷兰鹿特丹港和新加坡港的建设对于本国临港产业(运输物流等)的发展以及海洋经济和国民经济发展都具有重大影响。同时,在海洋生态的保护方面,这些港口的建设也在科学设计和环境保护方面取得了许多成功的经验,缓解了港口建设对海洋生态的破坏。这些成功经验表明,临港工业发展问题的本质不在于是否要发展和发展的限度,而在于如何发展,且在发展过程中如何充分地顾及海洋生态保护。在中国,我们也看到宁波港、舟山港和上海洋山港等港口建设对我国东部沿海港口城市经济发展起到的积极作用。在一定的条件下,这些发展也为促进海洋生态的保护工作提供了有利的条件,而怎样利用这些条件就成为港口发展的关键问题。

同时,如何缓解发展与保护的矛盾也取决于人们的社会行动。海洋生态保护是一个技术、经济、人文和社会行动等多方面因素综合作用的结果。海洋生态保护的进程受制于各类社会组织所采取的社会行动。

经验表明,海洋生态环境的保护状况与公众的参与密切相关。早在1982年在巴厘岛举办的世界国家公园会议(The World Congress on National Parks)上,各国就倡导在发展环境保护事业中,要把环境利益与人们的生活需求相联系,加强保护区管理并考虑地方居民的需求与福祉。各国政府也为此制定了相应的各种法规和治理标准,鼓励公民参与到环境保护的活动中去。在中国,我们要全面推进海洋战略,发动公众的参与,把民众的个人利益与公共利益相结合,通过教育和政策的制定执行来实现政策目标。这些保护海洋生态的努力最终都将有助于人类社会总体利益的实现。

第三节　海洋战略和相关的政策目标

如何解决发展与保护这对矛盾也取决于国家的发展战略。在中国,在2011年通过的《中华人民共和国国民经济和社会发展第十二个五年规划纲要》中,明确指明要推进海洋经济发展,推进包括浙江舟山群岛新区在内的四个沿海区域的发展①。规划提到要"全面实施海洋战略"目标,把舟山新区建设成为推动整个长江流域经济发展的重要力量。2012年,党的十八大报告也提出"提高海洋资源开发能力,发展海洋经济,保护海洋生态环境,坚决维护国家海洋权益,建设海洋强国"②的任务。这种要求也反映到学术研究中。一些学者认为现代海洋战略的内涵应突出海洋强国的主张,也有的学者把树立科学的海洋经济发展观,实现海洋资源的有序开发、深化政府海洋管理体制,加强海洋行政管理、加强海防建设,努力保护我国的海洋安全、动员公众积极参与海洋管理、加强政府管理并完善公共服务职能等,作为国家海洋发展战略的重要内容③。

---

① 转引自王佳宁,罗重谱.国家级新区管理体制与功能区实态及其战略取向[J].改革,2012(3):21-36.

② 转引自武靖州.发展海洋经济亟需金融政策支持[J].浙江金融,2013(2):15-19.

③ 李百齐,黄建钢.制定正确的海洋战略　努力保护我国的海洋权益——首届全国政府管理与海洋战略学术研讨会综述[J].中国行政管理,2005(9):95-96.

这些呼声反映了维护国家海洋权益和促进海洋开发的要求,也体现了以海洋科技、海洋经济、海洋军事和海洋人才开发为导向的新的发展理念。

基于这些理念,近几年国家大力部署新一轮的沿海开发战略,强调实施海洋强国战略的意义。辽宁沿海经济带、天津滨海新区、山东黄河三角洲、山东半岛蓝色经济区、江苏沿海地区、长江三角洲地区、浙江海洋经济发展示范区、福建海峡西岸经济区、珠江三角洲地区、横琴地区、广西北部湾经济区、海南岛国际旅游岛等 12 个沿海一线地区的地方政府都相继制定了与海洋强省相关的发展规划①。这些规划的实施不仅有利于地区经济发展和当地民众生活水平的提高,也标志着我国沿海地区发展战略的提升。它们有助于全面提高我国海洋安全的能力,满足维护海洋主权安全和军事安全的需要。中国需要有新的成长空间,而走向海洋已成为中国发展新的导向和新的定位。

在走向面向海洋的发展战略时,海洋生态的保护是一项基本内容。近年来,随着可持续发展理念和全面协调可持续发展原则成为流行的发展理念,各地在推进海洋生态的保护方面都制定了相关的政策。在海洋生态保护问题上,中央政府提出将修复海洋生态系统、保护海洋资源环境作为我国海洋经济发展的主要方向,地方政府也在努力践行维持海洋物种多样性的要求和建设有中国特色的海洋景观文明的目标,逐渐形成了海洋保护区的网络系统。这些努力在海洋环境状况不断恶化的今天具有十分积极的意义。这些要求体现为重视海洋生态环境保护对于经济发展的重要性,促进海洋经济的可持续发展、科学保护海洋环境、坚定维护本国海洋权益三重目标的有机结合,从而形成了拉动我国海洋战略计划发展相互补充、缺一不可的三驾马车,促进了海洋生产经济链的成熟和发展。

针对这些发展要求,中央政府在 2015 年颁发了《全国海洋主体功能区规划》,为中国海洋经济的发展和海洋生态的保护提供了政策依据。浙江省政府也提出"建设海洋强省"的目标,加大对浙江沿海市县(如舟

---

① 王在峰.海州湾海洋特别保护区生态恢复适宜性评估[D].南京:南京师范大学,2011.

山、宁波、台州、温州和嘉兴等沿海城市）的投入。地方政府也在积极推进海洋经济的发展，在海洋生态保护的问题上相继通过了区域发展规划。例如，舟山市政府近年来制定了《舟山本岛及周边岛屿区域城乡一体化发展规划（2005—2020）》、《"十二五"时期舟山海洋产业集聚区发展规划》等海洋开发的指导性文件。这些文件提出了当地政府在海洋保护和经济发展方面的具体政策，这些政策在推进实践活动方面具有探索性和先导性作用。这些规划和政策要求在城乡空间布局和产业发展规划方面遵循可持续发展理念，综合提升当地环境的承载能力和辐射能力，把我国海洋发展战略的总体构想落实到政策实践中去。为此，我们要把关注海洋生态与促进地区经济发展的议题联系起来，充分利用海洋资源并且最大化提升其效益；也要因地制宜，在打造重点海洋港口经济圈的过程中，带动沿海乃至我国整体社会经济发展水平的持续稳健提升。

总之，作为发展战略，中央政府和地方政府在实施海洋强国战略中，一方面强调充分发挥我国富饶的海洋资源优势，以科学发展观和可持续发展理念为指导，另一方面也要求我们完善海洋生态保护的理论，确立并实施合理有效的海洋政策，构建并完善有关海洋保护的立法体系[①]。其目的是双重的，一方面是出于经济发展的目的，另一方面也是为了保护海洋生态和环境。就前者而言，近30年的经济发展使中国在能源、资源等方面不断面临瓶颈问题。这种状况也突出反映在海洋经济的发展中。尽管我国拥有300多万平方公里[②]的海洋领土资源，且岛屿资源和岸线资源也很丰富，但这些资源都尚未得到充分的开发。因而，实施政府提出的走向海洋、发展海洋战略，也是应对目前经济发展带来的环境压力的必要举措。但是，我们也要看到，随着地方经济的不断发展，相关活动对于生活环境所带来的破坏压力日益明显。这就要求在沿海开发过程中注重生态保护，实现经济与环境效益的双赢。

---

① 高益民.海洋环境保护若干基本问题研究[D].青岛：中国海洋大学，2008.
② 张美英.你知道中国海洋国土面积是多少吗？[EB/OL]. http://news. k618. cn/ztx/201206/t20120611_2216324. htm,2012-06-11.

第四节　本书的研究对象

本书以舟山群岛为研究对象，讨论舟山新区在发展过程中如何以海洋经济和海洋文化的发展为导向，将经济发展与海洋生态保护的目标相结合，实现区域的可持续发展。通过对舟山案例的研究，我们将探讨如何通过政策规划和科学技术手段，实施对海洋生态环境的保护和监控，制定系统的生态环境管理和城市发展战略，实现海洋的可持续发展。相关讨论关注经济发展与环境保护这对矛盾的化解，也回应中国面向海洋的发展战略的需要。在讨论中我们将以舟山地区的发展为例，重点探讨该地区的海洋经济发展所面对的问题和挑战，以及如何为应对这些挑战而进行全方位的设计。这些讨论将经济发展与海洋保护结合起来，探讨各种政策的整合性和协调性问题并形成绿色经济发展规划。本书从相关的环境政策、生态补偿理论和可持续发展理念等理论基础出发，力求较全面地总结出有利于推动舟山新区海洋环境保护和海洋经济发展的政策规划及实践指南，为舟山新区发掘自身海岛空间形态的优势和推进海洋经济建设提供理论和实践支持。为此，我们应在制度建设、区域发展规划、功能区的合理配置，以及工业布局和污染控制等方面制定具体的措施，也要对人口资源和环境各方面的因素进行统筹分析，并针对海洋发展的关键问题展开讨论。本书也期望通过对舟山个案的分析，为中国实施面向海洋的经济发展战略提供政策分析和借鉴。

舟山是一个集定海古城、普陀山和沈家门等区域为一体的城市，是典型的由一系列岛屿构成的海岛城市。从地理区位来说，舟山地区面临东海，具有很大的区域覆盖率，是东海的海上明珠集群，具有丰富的港口码头资源、岸线资源、渔业资源和地理位置优势等。舟山具有定海、新城、普陀三个中心城区，岱山县城、嵊泗县城和六横镇三个副中心，以及金塘镇、洋山镇、衢山镇、长涂镇、桃花镇和嵊山镇六个重点镇。此外，在港口资源方面，在总体上以舟山中心、沈家门中心、高亭中心、嵊山和虾峙等 10 个渔港为中心,向外辐射形成了舟山渔港经济区。自 2011 年以来,全市已基本形成了以 4 个国家级中心渔港,10 余个一、二级中心渔港,以及 20 多个三级渔港和天然避风岙口为补充的渔港网络体系,为发展海洋经济奠定了雄厚的物质基础①。舟山新区的自然生态环境迄今为止保持得较好(除海水污染的因素之外),尚处在大规模开发的起步阶段。

浙江舟山新区是继上海浦东、天津滨海和重庆两江之后的又一个国家级新区,它是中国首个以海洋经济为主题的国家战略新区。由此,本书注重对舟山新区开发和保护相关问题的讨论。这些讨论需要触及一系列对此问题产生影响的因素,分析在这些方面所面临的问题并提出政策倡导。舟山新区地处宁波和上海浦东两地之间,具有得天独厚的自然地理条件、丰富多元的海洋资源和现有的颇具规模的海洋产业基础。新区可以发展成为我国中转加工贸易枢纽和海岛综合保护开发示范区②,以先导区和试验区身份带动长江三角洲地区经济发展。舟山新区是讨论中国海洋开发所面临的种种问题和探索新的发展道路的典型区域,在中国发展海洋经济的战略中具有举足轻重的地位。舟山群岛新区以建设经济特区为导向,并逐步向发展自由港的目标展开努力。由此,对于舟山新区发展战略的研究不能仅仅关注其传统渔业和水产加工业的发展,而要用大视野去理解该区域的发展蓝图和远景,并通过规划的制订和政策的执行来实现这些远景规划。

在本书中,我们首先要讨论舟山新区建设的进程和打造海岛花园城市的经验,在此基础上探讨科学的发展规划和在此过程中所要注意的问题。舟山群岛新区的发展以"海洋经济"为核心,当地政府围绕这一核心,树立新的规划理念,形成有层次性的区域经济发展规划。在这些规划中,海洋开发的重点放在开发利用和保护海洋资源和海岛资源上,同时也把发展港口经济作为经济发展的抓手。在新区发展远景目标的设

---

① 沈承宏.把舟山建成全国现代渔业强市[N].中国渔业报,2011-08-08.
② 法制生活网.我国八个国家级新区创建历程[EB/OL]. http://www.fzshb.cn/News/201401/44559.html,2014-01-24.

立中,舟山政府在完善综合保税区的基础上提出向自贸园区迈进,最终建成自贸港区的要求。通过这些工作,围绕海洋开发的核心,推动海洋经济建设,形成有自身特色的海洋文化,努力构建海洋社会,实现国家海洋战略。这里,区域发展的关键问题在于如何有效地将经济发展的目标同海洋生态环境保护的要求相结合,实现发展与保护的双赢。

为了推进这一发展,我们不仅要考察地区现有的环境条件,也要参照国内外的发展经验来进行研究。在沿海城市的发展中许多国家和地区在如何保护海洋环境并发展临港产业方面都积累了各自的经验。这些经验有的是成功的,也有的并不成功。为此,本书将选取一些成功的案例,以便思考如何践行舟山新区海陆统筹的发展导向,并防范海洋污染问题的激化。在第三章中我们选取了荷兰鹿特丹港、德国汉堡港、新加坡和中国香港等个案作为参照,展示了在综合推进经济发展和海洋环境保护方面当地政府所采取的政策措施。这些个案反映了在自由港建设中如何才能更好地确保港口经济和生态环境的可持续发展。它们展示了世界各地在发展港口经济和自由港建设中所采取的不同路径和战略,通过建立有效的生态环境协调机制,建设绿色港口城市。

当然,海洋生态环境的保护不仅仅涉及经济因素和技术管理因素,还涉及社会组织和社会治理特别是大众参与和民众行为等因素。这些因素对于海洋生态的保护也至关重要。在海洋生态保护的视野中,群众的支持是确保这一目标顺利达成的基本保证。在许多情况下,公众本身也是生态环境破坏的受害者。解决经济发展和海洋保护这对矛盾不能仅仅依靠理性的倡导或者法制的规定,更要有效地协调此进程中涉及的各种利益矛盾,合理地协调各方利益关系。同时,本书在讨论舟山发展海洋经济战略时也更关注海洋文化建设。这些文化建设活动包括海洋观念的建设、海洋宣传教育、海洋文体活动的开展、海洋旅游资源的拓展等内容。这些活动可以使社会各方建立起对海洋环境保护的共识,且这种共识将会影响到区域发展各方面的决策和社会行动。

当然,本书也十分注重从舟山的发展实践中提炼出带有一般规律的内容。作为海洋综合开发先导区,舟山新区是推动中国海洋战略的实践者,可以为协调经济发展的利益与海洋保护的要求提供范例。对于舟山经验的讨论也可以为国内其他城市解决海洋经济发展的相关问题提供借鉴和思考,相关经验也可以在国际环境保护的讨论中进行交流,反映中国在海洋保护的可持续发展方面的进程。例如,舟山市正在开展的海岛城市花园活动对保护海洋生态环境具有积极影响,同时其发展海洋经济的模式为我们提供了工业化和城市发展的新经验,也为优化我国经济格局提供了新的亮点。舟山案例的研究引导我们关注海洋经济发展的生态效益,并对科学开发沿海及海岛型城市,调动政府、企业、社会各界的积极性来共同推进海洋发展战略具有借鉴意义。近年来,新区政府把工作聚集于建设和创新行政管理体制和运行机制,比如以绿色生态、健康和保障民生为核心,建立以幸福指标为核心的评估体系。又如,根据海陆统筹的原则,地方政府全面系统地关注沿岸港区管理和相关环境政策的制定。这些经验都是在沿海地区发展海洋经济和港口经济中可以借鉴的。

在以下的章节中,我们将展开对舟山新区这一研究对象的具体讨论。在进行讨论之前,我们首先要为这一讨论奠定立脚点和理论基础,以便确定研究视角。在此基础上,进而讨论面向海洋发展的境外经验,为我们思考舟山的个案提供启发,也为我们探讨中国面向海洋的发展所需采取的路径和面临的问题提供比较的基础。

第二章
理论基础和研究视角

推进海洋经济的发展涉及人与自然和社会组织之间的矛盾,因而需要以可持续发展和环境正义等理念为指导,深入研究海洋开发和海洋环境保护的策略。一方面,海洋生态保护政策的决策、执行和反馈要反映公众的利益,确保公众的环境公正权利。在区域发展规划研究中,也要平衡环境保护的主体和客体关系,遵循环境正义原则,追求海洋生态环境保护和海洋经济建设的协调发展。另一方面,要综合考虑政策制定的经济效应、社会效应和环境效应,研究发展规划的长效影响和短期影响,评估其可持续发展的能力及后果。同时,从公众参与的视角看,海洋生态经济开发进程需要公民个体的广泛参与。可见,海洋生态和海洋经济发展问题要从多维度、多视角来切入,提高分析的科学性和可实践性,积极推动社会各方付出努力,推动保护和开发进程的有序开展。

第一节　可持续发展的视角

在生态环境保护的议题中,"可持续发展"是一个基本的概念。"可持续性"概念将发展的概念与可持续的概念相结合,强调可持续性与利用、发展、经济等的组合,形成了"可持续利用"、"可持续发展"、"可持续经济"等理念。这些理念强调,为了更有效地满足人类的需求,进行发展是必要的,但也要顾及生态环境的限制。只有合理地节约利用不可再生资源、恢复和维持生态系统的多样性,才能使自然资源持续满足人类子孙后代的需求①。正如日本学者寺西俊一强调的,要实现可持续发展,就必须提倡环境保护型经济发展模式(ESSE),同时满足防止污染、自然生态保护、适合人类居住这三个基本要素,并研究"环境保护型经济"所必需的包括法律、政策、政府和社会所承担的责任以及面临的各种问题在内的课题②。

为了实现可持续的发展,我们需要讨论可持续发展与保持生物系统多样性和再生产能力之间的动态过程。健康的生态环境可以为人类社会提供必要的生活所需和再生产条件,且外部自然生态环境(如湿地、森林等)的长久健康也有利于达成经济、社会、环境等因素的协调发展。为此,在讨论海洋生态环境的可持续发展这一议题时,我们要高度关注可持续性发展问题的两个基本方面。一是通过环境治理来实现生态环境的可持续性,减少由人为因素带来的弱化生态系统功能方面的负面影响;二是通过社会治理和对人的改造来维持这一可持续性,因为环境的不可持续性在很大程度上是人类不合理的行为造成的后果。此外,环境可持续性的概念还与自然物质的循环与再循环过程相关。我们需要通过地球科学、环境科学和生态保护学等学科研究,对可再生资源和不可再生资源进行区分,确保人类对自然资源的使用不超过其再生速度和可替代新能源的开发速度。同时,对于污染物的排放速度也要有个限制,不能超过生态环境的自净容量,以保证人类同自然生态环境之间的平衡,追求一种自然均衡状态③。

当然,"可持续发展"这一概念不仅被运用在生态环境的可持续性领域,也被运用于社会体系(如福利国家体系)的发展、经济发展和教育文化发展的可持续性等方面。早在 1987 年,联合国布伦特兰委员会(Brundtland Commission)就对可持续发展的定义进行了检讨和补充,

①③ 李艳.城市交通可持续发展及资源模式研究[D].西安:长安大学,2002.
② 叶琳."可持续发展与环境保护"国际研讨会综述[J].日本学刊.2008(3):156-158.

倡导各国应在不影响后代发展需求的基础上满足自身的发展需要①。在社会经济领域讨论可持续发展的理念要结合社会经济的发展状况，并运用社会活动和政策实践的手段将污染危害降到最低程度。例如，1992年联合国在巴西里约热内卢举行的地球高峰会议（Earth Summit）上，就提出了"21世纪议程"（Agenda 21），要求确保发展的可持续性。与会的百余个国家一致确认了这一原则，并承诺将致力于推动旅游产业的可持续发展②。又如，在《我们共同的未来》一书中，可持续发展被界定为"既满足当代人的需求又不危及后代人满足其需求的发展"。可持续发展战略要求我们在"经济增长"和"环境保护"这对矛盾中进行协调，以达到相辅相成的结果③。

　　根据可持续发展的理念，我们在区域发展战略和区域规划的制定中必须奉行以下原则：（1）兼顾经济增长与环境保护的协调统一，避免因急功近利、盲目追求经济产值而过度开采资源，打破生态环境的平衡，进而对实现经济发展的长远目标造成不良后果④。（2）重视环境承载力，推行循环经济，节能减排，遵循生态规律，使资源得以综合利用，发展资源节约型经济生产⑤。（3）强调全方面地推进社会进步并增进人们的生活质量。要通过可持续的发展来形成"经济发展—环境优化—社会公正与稳定"的良性循环模式⑥⑦，而不是以环境为代价，靠剥夺子孙后代的生存权利或危害其他地区的发展潜力的方式来谋取眼前的利益。（4）慎用自然资源，体现环境资源的价值，提高环境资源的经济价值。为此，要建立"环境—资源"核算制度，计算自然资源消耗、环境污染损失和环境保护费用支出等发展项目的成本，使经济发展同生态建设协调统一⑧。（5）强调公众参与环境保护的活动中去。建立环境审议听证制度、新闻舆论监督制度、环境影响评价制度和公众参与制度等机制，使广大群众

　　① 孙桂娟.净月潭旅游经济开发区生态旅游发展研究[D].长春：吉林大学，2006.
　　② 崔洁.生态旅游项目风险管理研究[D].杭州：浙江工业大学，2012.
　　③⑤ 陈勇.循环经济理念下我国环境保护立法问题研究[D].长沙：湖南师范大学，2005.
　　④ 陶伦康，鄢本凤.循环经济与可持续发展战略[J].河北科技大学学报（社会科学版），2007（3）：8-12.
　　⑥ 晏晓婧.西部民族地区发展循环经济中的法律问题研究[D].昆明：昆明理工大学，2006.
　　⑦ 毛卫平.关于"可持续性发展"的思考[J].党校科研信息，1995（23）：26-27.
　　⑧ 陈勇.我国循环经济立法中存在的问题与对策研究[J].重庆社会科学，2004（1）：44-47.

和社会团体能够通过稳定的渠道表达各自的观点和意见。

在大力推进海洋保护事业的发展过程中,我们也要奉行可持续性发展的原则,保持生态环境自循环机制的正常运行或降低其受损的程度。人们必须尊重海洋、保护海洋,把对海洋的开发利用活动限制在海洋生态环境的承受力之内,倡导"人与海洋和谐相处"的理念,从建立人与海洋的良性互动关系角度出发,而不是从人类需要和所具有的能力出发去开发海洋。为此,可持续性的理念要求人们不仅仅关注海洋的经济贡献,也要关注海洋在改善人居环境、丰富人类文化和提高人们生活质量等方面的价值。当然,海洋保护工作也是舟山新区发展的基本前提。根据可持续性原则,舟山新区在海洋经济的开发过程中,要严格遵守国家在海洋保护方面的立法,禁止破坏型的开发和对自然的过度掠夺,并严守生态红线。特别是在海洋生态保护方面,要严格按照 2015 年国家出台的《全国海洋主体功能区规划》的要求,避免超出规划外的不当开发对自然生态造成毁灭性的后果。

第二节　生态环境补偿理论

生态环境作为公共物品,具有外部性。当个人或者组织对生态环境进行保护,使他人或者社会受益而不必支付任何成本时,就会使整个社会得益并获得正外部性。当个人或者组织对生态环境造成损害,而环境污染者却不用为此造成的巨大社会成本承担责任,个体的损失成本小于社会的损失成本时,则将导致环境污染增加,形成负外部性。因此,解决生态环境的外部性问题就成为政府环境保护工作的重点。对此,建立生态补偿机制来体现环境保护的社会性是一种基本的途径,其可以使生态环境的受益者和破坏者承担相应的成本,通过支付一定的费用使保护环境的投资能够获得回报。基于这种效应,我们可以通过生态补偿机制来提高污染行为的成本,使损害(或保护)行为的主体减少(或增加),从而达到保护资源的目的①。这种回报有利于激励人们从事生态环境保护的建设活动。

基于这一机理,生态补偿机制可以被视为一种资源环境保护的经济手段,也可以被视为一种利益驱动机制,通过激励和协调来促进环境保护②。生态补偿概念分为狭义和广义两种解释。狭义层面的生态补偿是指为了控制生态破坏而征收费用③。广义的生态补偿则包括污染环境的补偿和生态功能的补偿,是通过财政转移的方式对生态环境保护者和建设者进行适当补偿的运行机制。以往有关生态补偿的文献大多采用生态补偿的狭义概念,而近年来生态补偿的含义主要在广义的概念范围中使用,即不仅强调减少当前人们对生态系统的破坏行为,也强调人类行为在生态环境的修复和自我还原能力建设等方面的意义。

生态补偿原则主张通过建立健全环境税收法律制度及相关政策,对那些在日常生产、生活中从事有害环境行为的企业或公民征收一定的税赋。这一原则1972年由经济合作与发展组织(OECD)财政环境委员会首次提出,旨在追究造成污染者的责任。1973年,这一原则被列入联合国颁布的《里约环境与发展》的第十六条中。目前,这一原则已经成为多数OECD国家环境保护治理体系的指导方针之一。"谁污染,谁赔偿"这一原则的目的在于让因利用自然资源而造成负外部影响者承担费用。它既是环境资源有偿使用原则的重要体现,也是将经济活动负外部性进行内部化的重要举措,有利于实现社会公平和防治环境污染。

中国政府高度重视建立和完善生态补偿机制。早在20世纪90年代初期,一些地方政府就开始对生态补偿机制的建设进行了探索。如广西、江苏、福建、辽宁、广东、河北、云南等地进行过试点征收工作,有些地方还提出了相关工作的管理办法。国家相关部门更是在"十二五"规划和相关报告中强调了与生态补偿机制有关的方法指导,严格要求遵循"谁开发谁补偿,谁受益谁保护"这一原则。2007年,中央政府明确提出

---

① 俞海,任勇. 中国生态补偿:概念、问题类型与政策路径选择[J]. 中国软科学,2008(6):7-15.

② 毛显强,钟瑜,张胜. 生态补偿的理论探讨[J]. 中国人口·资源与环境,2002,12(4):40-43.

③ 章铮. 生态环境补偿费的若干基本问题[A]. 国家环境保护局自然保护司. 中国生态环境补偿费的理论与实践[C]. 北京:中国环境科学出版社,1995,81-87. 转引自毛显强,钟瑜,张胜. 生态补偿的理论探讨[J]. 中国人口·资源与环境,2012,12(4):40-43.

要开征环境税,学术界对开征环境税的讨论和研究也一直没有中断过。2013 年 5 月,国务院副总理马凯也谈到要按照价、税、费、租联动机制提高资源税,加快开征环境税,完善计征方式,再次把环境税改革提到日程上来。现今,健全生态补偿机制的呼声在社会各界不断高涨①,中央财政部、国家税务总局、环境保护部在 2015 年起草了《中华人民共和国环境保护税法(征求意见稿)》,对征税对象、范围、税额、税收优惠等方面做了调整,加强了对环境税征收的管理②。

生态补偿机制对于海洋生态的保护也十分重要。近年来,人们开始讨论生态补偿的工作要重视激励的部分,即补偿对保护环境和生态平衡做出贡献的相关主体。对正外部性行为的补偿激励能够为生态环境保护提供长期持续的资源供给。这种方法应将保护重要生态功能区和提高贫困居民区生活水平进行有机结合③,从而避免由于贫困带来的对资源进行掠夺性开采和渔业过度捕捞所造成的生态环境破坏。在海水污染、港口污染和河口污染的治理中,有许多是由上游的污染下排造成的。开征环境税可以为这些污染治理提供资金来源,且建立健全科学合理的生态补偿机制已成为整治上游环境污染的必然趋势。与此同时,也要对下游海域进行生态修复工作,包括进行渔业资源的放苗、海水养殖、建设人工岛礁等,以便为海洋生物提供多样化的栖息地。在这个过程中,生态补偿资金是补偿机制有效运行的基础,因而要不断尝试拓展多元化和立体式的融资渠道。例如,建立生态补偿基金、征收生态补偿税、发行生态彩票、号召民间组织及个人捐款等。所谓的立体式财政是指,强化不同省份间横向的财政支付,达成区域合作以确保区域内上下游地区间的平衡。当然,增强对外交流,向国际性的金融机构争取贷款优惠也是拓展补偿资金的重要渠道④。

---

① 生态补偿:社会财富绿色分配的进程[J]. 环境保护,2006(19):1.
② 武进新闻网. 关于《中华人民共和国环境保护税法(征求意见稿)》的说明[EB/OL]. http://www.wj001.com/news/nyhb/2015-06-11/650964.html,2015-06-11.
③ 田义文,田晨,徐堃. 再论生态补偿"谁保护、谁受益、获补偿"原则的确立[J]. 理论导刊,2011(4):60-62.
④ 刘蓓,梁嘉宸,魏佳. 生态足迹理论视阈下广西生态补偿的实证研究[J]. 广西民族研究,2015(6):147-154.

当然,生态补偿机制实际上是一种政府管理机制与市场机制相融合的产物。在讨论通过税收和交费来使生态环境的外部性内部化时,庇古和科斯持有两种不同的观点。庇古主张,在出现市场失灵时政府应采用相应的补贴和惩罚措施进行经济干预,使外部性生产者的私人成本与社会成本实现均等,从而协助市场实现资源的最优配置,提高社会的整体福利水平[①]。科斯则认为,要解决外部性问题就必须明确产权,因此,政府的责任主要在于界定产权和保护产权,使得外部性问题可以通过产权清晰的市场公平交易得以解决,而并不完全依赖于政府的经济奖惩措施[②]。

上述讨论都与生态补偿机制的实施有着直接的关联性。由于生态环境属于公共物品,我们很难明确地将生态补偿机制简单看成是政府的公共产品或市场产品,而是要通过两者的结合来考虑这一问题。因此,我们不但要通过财政转移支付(包括上下级的纵向转移支付和地区间的横向转移支付)、税收、补贴、专项资金以及项目合作、政策倾斜等政府手段,也要积极探索通过市场手段来解决生态补偿问题。例如,可尝试通过一对一市场交易、配额市场交易以及生态标识等方式,来提高生态补偿的效率[③]。

第三节 环境正义和环境权利理论

"环境正义"概念最早出现在美国,与"环境种族主义"、"环境公平"等相关概念联系在一起。环境正义概念指出,人类的延续和发展需要建立在尊重自然生态规律的基础之上,将生态环境安全作为最优先的价值目标。因而,人类行为首先必须保证生态系统的稳定性和协调性,其次

① 李文国,魏玉芝.生态补偿机制的经济学理论基础及中国的研究现状[J].渤海大学学报(哲学社会科学版),2008(3):114-118.
② 刘翠.建立生态补偿的依据及其意义[D].青岛:中国海洋大学,2010.
③ 胡孝平,马勇,史万震.鄂西生态文化旅游圈生态补偿机制构建[J].华中师范大学学报(自然社会科学版),2011,45(3):480-484.

才是人与人之间的平等、自由与幸福。其基本原则和内容则是：确保全球生态环境安全，实现人类的延续与发展、自由与平等、和平与幸福。这一概念也为司法公正和少数民族的环境权利等提供了一定的支持。其主要意图是在有害废物处理选址方面避免种族和地区歧视，从而使不同族群、地域和收入水平的群体能够公平地承担环境污染的风险。

环境正义理论也是一个在实践中不断发展的理论。在环境正义理论中，被广泛讨论的第一个事例是 1982 年北卡罗来纳州的埃弗顿非美小区有毒废物处理案。在此之后，对众多实例的研究分析表明，穷人和少数裔人群更靠近有害废物处理点，从而承担了更多由环境污染和破坏带来的风险与损害。随着司法公正的广泛介入和环境政策的调整，美国各州商业垃圾处理开始更加关注选址的公平性。事实上，许多国家在发展中都面临环境保护的利益和负担方面的相同问题。在全球范围内，该问题也被视为全球公平问题之一，而由于各国在财富、环境、知识方面存在巨大差异，与环境正义有关的问题也被扩大为更复杂的问题。因此，可以说环境正义理论为生态环境的保护在目标和程序方面提供了共同的伦理和价值基础，同时该理论也反映出人们对于代际问题和公平问题的关注和反思。

从国内的视角看，近年来我国已建立了相对完整的生态环境防治体系，然而受社会财富分配不公和利益集团的影响，我国在生态环境治理方面长久存在利益纷扰问题，致使一些国家重点生态建设项目难以真正落实，环保领域的相关矛盾也日益突出。一般来说，在生态环境领域，存在保护者和破坏者、受益者和受损者的利益矛盾和冲突。利益受益者可以长期占有环境资源而不用付出相应的成本，这使得污染受害者长期得不到经济赔偿或经济回报而逐渐失去保护动力。与此同时，利益优势群体则可以逃避其所需承担的环境责任。这种恶性循环扭曲了对于公民环境权利和经济利益的保护，剥夺了公民享受环境公正的权利。因而，明确各方利益群体的责任关系、建立环境权利的公平待遇，对于解决环境问题具有重要作用。确保公民的环境权利不仅能激励社会各方进行生态保护，还能够推动实现社会财富的绿色分配，进而更有效率地解决环境污染问题、保护重点区域生态环境、实现人与自然和谐发展①。

在海洋资源的利用方面,海域环境保护权利也是各国和各个社会利益集团进行利益竞争的基本内容。海洋环境作为社会的公共物品,为人类提供了新鲜的空气、优美的风景、舒适的生存条件和丰富的资源。任何人都可以享用海洋环境带给我们的一切。但一些人在享用海洋环境时无权排斥其他人同时享用海洋环境,且海洋环境的保护者不能独享其保护环境的利益,海洋环境的破坏者也不必全部承担破坏海洋环境的成本。这些特点使海洋环境的保护活动被分成了正、负外部性两方面。为此,我们有必要确定以下开发海洋生态环境的基本原则。

(1)价值优先性。任何旨在开发和利用海洋资源的人类活动,都必须以维系和养护海洋生态平衡为基础,威胁海洋环境安全的开发活动应在"保护优先"的价值导向下予以限制。(2)在拥有海洋权益的同时,世界各国都应承担起各自的责任与义务,为保护哺育着全人类的蓝色海洋而共同努力。(3)要使保护海洋环境充分体现在法律制度的设计以及权利义务的配置上,以保证这一价值目标的实现。(4)在国际法层面上,通过广泛的国际海洋环境保护共识、共同的海洋环境保护政策、有拘束力的国际海洋环境立法,明确和强化国家在保护海洋生态安全方面的责任和义务。(5)在国内法层面,则要把环境正义的要求贯彻到相关的立法中,督促社会各主体履行应尽的责任义务,进一步健全和完善海洋管治的法律体系。

此外,强调环境正义和环境权利的理念也体现在代际责任上。海洋环境正义不仅体现为同时代的人群共同承担着保护海洋生态的责任,也体现为当代人与后代人在保护海洋这一永恒使命上应承担着同等的责任与义务。因此,必须强调人类尊重海洋生态圈、珍视海洋资源的价值,谨记海洋资源并非无限资源,也并非无价资源,强调当代人应为子孙后代能够享有同样丰富、安全的海洋资源而努力。这些价值理念在海洋生态建设中具有显著的意义。与此同时,海洋环境正义更体现为物种(人

---

① 贺晴雨,吴辰华.试论生态补偿机制构建[J].安徽农业大学学报(社会科学版),2007,16(2):20-23.

与自然)之间的正义。人与自然之间应是一种双向的资源传递关系。人们在索取海洋生态给予的丰富资源的同时,更应该竭尽全力养护海洋,给予其关怀与维护,将其视为自然的财富,这样才能治理好海洋环境①。

总的来说,要确保海洋环境利用和开发的权利,我们既可以利用市场机制,赋予广大民众发展和创业的机会以及利用海洋的基本权利,也可以通过政府有效的管理来实现环境正义。然而在现实中,人们常常观察到仅仅依赖市场机制进行治理会造成无效或低效的结果,或者出现"搭便车"和"公地悲剧"现象。因此,政府在一定程度上的介入和政策干预是实现环境正义的重要途径。与此同时,我们还应发动群众、依靠群众,以"问政于民,还政于民"的准则推进海洋管治政策,落实环境政策的公平正义②。应加大海洋生态保护的力度,尊重和保护海洋,否则,海洋必会让人们遭受相应的惩罚。

第四节　公众参与和生态旅游的视角

从公共治理理论出发,海洋环境管理不仅仅是一个行政监督、执法的过程,不只是各级政府相关管理部门的工作,也是需要全社会民众共同参与的事业。为了防止政府在海洋环境管理中的失灵,政府在海洋环境管理中必须加强与企业、个人以及非政府组织的沟通与合作,使他们广泛参与到海洋环境管理政策、决策和方案的制订、实施以及监督中来,从而切实有效地保护海洋生态系统。公众参与海洋环境治理工作,一方面可以调动广泛的社会力量壮大治理队伍,弥补政府海洋管理力量不足,为政府的海洋管理工作提供支持;另一方面,这种参与既能有效提高决策的合理性和科学性,也能提高决策实施的效率。公众对海洋生态保护中存在的问题的切实了解,有助于政府和公众在环保事业上取得双向理解,减少政府与公众之间的冲突与矛盾,减轻政府海洋环境管理的社

---

① 高益民.海洋环境保护若干基本问题研究[D].青岛:中国海洋大学,2008.
② 闫扬.海洋油类污染防治法律问题研究[D].哈尔滨:东北林业大学,2011.

会压力。此外,公众在参与决策的过程中也能够提升自身的素质,加深对生态环境保护意义的理解。

在有关公众参与环境管理的讨论中,欧洲已经取得了一些经验。从1998年欧盟成员国通过《奥胡斯公约》①后,加强公众参与环境治理权利(即环境权)这一问题引起了各国的重视。欧盟认识到广泛的公民参与和公众环保意识对于促进环保事业的发展意义重大,而公众只有在知晓相关环境情况的基础上参与环境管治的决策过程,才是真正意义上的落实其环境权②。为此,欧盟各国确立了鼓励公众参与的相关政策的核心内容,即信息获得、决策参与、司法公正。2003年,欧盟接连发布了三个环境法令——《关于环境信息获得的指令》、《关于环境决策过程中公众参与的指令》和《关于司法公正的决定》,来贯彻《奥胡斯公约》所阐述的内容。这些法令涵盖了十分广泛的内容,并构成了欧盟支持环境保护中的公众参与的三大支柱③。因此,从欧洲的经验看,我们需要通过落实公民在环境事务决策中的权利来保障公民的参与权和环境权。

一般来说,推进公众参与海洋生态活动的基本途径有两个,一是强化海洋环境意识的构建和发展海洋文化;二是鼓励公众参加海洋文化活动和发展生态旅游。博克斯的公民治理理论认为,公共责任意识的欠缺常常使得公民不具备对公共权利和义务的感受能力,而这种缺乏感受能力的公众参与对公共事务的治理无济于事甚至有害,因为公众主体意识和公共责任意识的缺失不仅会影响其参与海洋环境治理的积极性,更会使公众参与海洋环境治理的效果严重降低甚至无效。这就意味着在加强公众参与海洋保护活动的进程中,我们首先要加强对公民海洋生态观念的培育,通过广泛的宣传来强化公众的海洋环保责任意识。

目前,尽管社会各界都意识到海洋环境保护的必要性,但如果其与经济发展的利益相矛盾的话,多数群众仍然会以追求快速成长作为前提

---

① 《奥胡斯公约》也称为《关于在环境事务中获得信息及其决策过程中公众参与、获得司法公正的公约》。
② 唐钊,秦党红.遏制污染转移应加强公众参与[J].行政与法,2010(6):47-51.
③ 肖主安,冯建中.走向绿色的欧洲——欧盟环境保护制度[M].南昌:江西高校出版社,2006.

条件来做出他们的选择,把海洋可持续发展问题放到经济建设的目标之后。当经济发展与生态环境建设发生矛盾时,许多地方政府在做出相关决策时会因追求经济利益而有意或无意地忽视其环保责任。针对这种现状,我们在推进海洋战略时要把生态保护与经济开发有效地结合起来,培育"大海洋观",强调海洋生态保护的意义。尽管千百年来沿海地区居民靠海吃海,无形中已经形成一定程度的海洋意识,但这种朴素的海洋意识已经不能满足新时代的需要。要引导群众从全球气候变化和海洋生态环境恶化的背景中来理解海洋生态保护问题的严重性,培育他们作为"全球公民"的责任,倡导"生态公民"的意识,使每个人都能自觉地从"地球人"的立场来行动,以捍卫我们地球这一绿色家园。此外,要促使群众自觉地把海洋利益与群体的长远利益甚至是全人类的利益相关联,充分意识到破坏海洋生态环境可能带来的严重后果,从而促使其积极地参与到海洋保护的活动中去。同时,我们也要反对把环境保护仅仅理解为保持现状不变,以保护环境为理由阻碍经济发展的偏见。

鼓励发展生态旅游是宣传公众参与海洋生态保护活动的另一个有效途径。发展生态旅游事业是为生态修复和生态补偿工作进行资金筹集的一个有效途径。早在 1965 年,Hetzer 就在 *Links* 杂志中提及生态旅游(ecological tourism),随后,Ceballos-Lascurain 于 1983 年也使用"ecotourism"来游说保护北犹加敦的湿地作为美洲红鹤繁殖地,他提到通过保育该湿地以吸引观光客来此赏鸟,借着生态保护来规范当地的经济活动[①]。在此,Ceballos-Lascurain(1988)指出,生态旅游是到相对未受干扰或未受污染的自然区域旅行,通过欣赏或体验其中的野生动、植物景象来关心该区域内所发现的文化内涵[②]。Kurt Kutay(1989)认为生态旅游这种旅游发展模式可以使生态资源与邻近社会经济区域相联结。这种旅游活动不但可以保护当地的生态环境,也增进了当地人民的福祉[③]。

---

①② 毛泳渊,赵增元,于志海.湖南小溪国家级自然保护区生态旅游资源评价[J].林业调查规划,2007,32(2):58-62.

③ 梁慧,张立明.国外生态旅游实践对发展我国生态旅游的启示[J].北京第二外国语学院学报,2004(1):76-90.

自 20 世纪 80 年代以来,生态旅游的理念开始流行,旅游观光已成为人们生活中最主要的经济活动之一[①]。独特的自然与文化资源可以吸引游客来旅游胜地,而且观光活动带来的经济利益可以舒缓许多国家公园及保护区管理单位面临的经费不足的窘境。但是,过多的游客也会超出这些地区所能承受的外来压力。面对这一矛盾,在可持续经营原则下发展国际旅游观光产业,把生态保护的内容融入到旅游发展的过程中,推广生态旅游就成为一种有效的方法。在 1998 年,联合国经济暨社会委员会(The Economic and Social Council)决议将公元 2002 年定为"国际生态旅游年",强调要落实观光产业,确保该产业联盟能对地球生态系的保育、保护与重建有所帮助。

发展生态旅游有助于保留原生态的自然景点,并通过旅游提升游客自身的环保意识,使人们感受到生态教育的意义,而其带来的旅游经济收入也给当地生态的保护和修复项目提供了更多的经济资源。将生态旅游带来的资源用于维护和修复旅游地生态圈的平衡以及保护地区物种多样性也成为世界各国的发展目标。为此,世界观光组织(World Tourism Organization,WTO)和联合国环境规划署等机构在推进生态旅游的发展中,积极推广科学合理的生态观光营销管理策略,借由一些经验交流研讨会的组织帮助各国逐步完善生态旅游发展规划。在此,国际生态旅游协会(The International Ecotourism Society,TIES)做了大量的工作。这一协会目前拥有来自 100 余个国家和地区涵盖学术界、保育界、产业界、政府单位及非营利组织等约 1600 个会员的国际生态旅游学会,借着提供生态旅游准则、训练、技术支持、计划评估、研究及出版物等服务来推动全球性生态旅游[②]。这些活动在全面整合旅游观光产业发展的同时,也帮助倡导可持续发展理念。

---

①　张旖恩.生态旅游资源评价体系研究[D].成都:四川农业大学,2008.

②　梁慧,张立明.国外生态旅游实践对发展我国生态旅游的启示[J].北京第二外国语学院学报,2004(1):76-90.

第三章
海洋港口城市建设与海洋保护的境外经验

要把舟山新区建设成国际贸易自由港和以海洋经济发展为导向的实验区，并充分兼顾海洋生态保护的要求，我们需要了解世界各地著名"自由港"发展过程中所积累的成功经验，包括基础设施的投资、港口的管理模式以及可持续发展等方面的政策措施和发展战略。这些经验可以开拓我们的思路，为我们的讨论提供必要的参照体系，也有助于我们进行反思，制定出符合舟山新区自身特点的发展策略和发展重点。因此，在本章中，我们具体考察几大国际著名的自由港，包括鹿特丹、汉堡、新加坡和香港，了解它们在主要空间规划、功能定位、现代企业制度建设、市场营销等方面的做法，学习这些港口城市如何依据自身优势和特点形成各自的发展战略和发展重点。在借鉴这些大港的发展思路和经验的基础上，我们可以参照各种境外经验来制定舟山港区建设的总体方案，以便形成舟山新区港口建设中独特的海洋生态保护规划及其实施效应。

第一节　荷兰鹿特丹

荷兰是海洋开发最成功的国家之一，鹿特丹港是荷兰最大的海港。该港口每年的货物集散量在世界名列前茅。这一港城市地处河口交汇处,西连北海,东接莱茵河与多瑙河,是西欧的货运枢纽和海运中心。该港与欧洲各大城市及工业区连在一起,具有多条水路、公路、铁路和输送管道。鹿特丹港濒临海运繁忙的多佛尔海峡,也与里海相通形成西欧水路交通要塞[①]。早在 13 世纪下半叶,鹿特丹就从荷兰西海岸边的一个小渔村发展起来成为城市。进入 20 世纪后,荷兰政府已经把它建设成为位居世界前列的国际性大港。

鹿特丹港区总面积有 100 多平方公里,其中工业区占地 52.57 平方公里,其余基础设施和港口水域面积达约 53 平方公里,港口总长度达40 公里,码头长度 89 公里。它建有原油码头、集装箱码头、粮食码头、矿砂码头等[②],形成了存储、加工、运输、贸易一条龙的物流服务链。在仓储能力方面,港口迄今已具有相当规模的存储设备,分为通用仓库、化工品仓库和冷藏仓库,且规模巨大。

在港口建设方面,港口管理当局将港区内的码头、仓库、堆场、道路、航道和环境保护设施和支持保障系统进行统一开发,建成了拥有便捷高效运输管理系统的港口和工业园区。此外,该港在经营上采取地主港模式,把所有权与经管权相分离进行管理。在统一的港口发展规划下,港口业务经营企业可通过租赁港内的土地、岸线或光板码头享有对港区的经管权[③],而政府设立的港口管理局则代表政府拥有港区的所有权。

作为世界性的港口,鹿特丹港区充分利用了现代科技发展的成果进行管理。它采用了先进的通信技术和电子信息网络系统,通过以港口为中心的公共信息平台及时有效地提供物流信息服务。在港区海关申报中采取无纸化的电子申报系统,通过公共电子信息平台进行相关电子数据的交换共享。这不仅降低了人力物力的投入,也进一步提高了物流效

---

① 孙建军,胡佳.欧亚三大港口物流发展模式的比较及其启示——以鹿特丹港、新加坡港、香港港为例[J].华东交通大学学报,2014,31(3):35-41.
② 中国城市规划设计研究院.浙江舟山群岛新区空间发展战略规划(专题研究)[R].北京:中国城市规划设计研究院,2011.
③ 徐秦,方照琪.国内外地主港模式差异化分析及对我国港口发展的思考[J].水运工程,2011,(4):88-92.

率。港口电子数据交换（EDI）中心①服务系统除了传送传统的信息外，其子系统 INTIS（国际交通信息系统）②也已经成功普及了电子商务网络，提高了港口物流信息系统的竞争力和使用价值。此外，鹿特丹港采用的先进的 TOS 码头操作系统对码头的集装箱进行了更好的合理规划，实现了港口装卸过程的无人化，降低了翻箱的几率。在港口物流和临港工业互动发展的基础上，鹿特丹港也发展了金融、保险等服务业③。

作为港口的后方支持体系，鹿特丹港船运产业的发展得到了良好的陆路交通体系的支持。在运输方面，完备的公路、铁路和水路运输网络为鹿特丹港的多式联运模式创造了条件④，人们可以利用完备的配套设施（多模式集疏运系统）将货物运送至荷兰和欧洲各地，因此它已成为世界性的交通要塞⑤。在码头的集装箱集疏运体系中，公路运输一直占有相对较大的比重。从 2009 年的数据上看，其公路、水路、铁路运输比例分别为 47%、39%和 14%。为缓解公路运输所带来的环境污染和交通堵塞情况，该港的管理者提出了用铁路、水路等清洁运输代替公路运输的"Model Shift（转变交通运输方式）计划"，以实现将公路运输比重减少至 35%以下的目标⑥。鹿特丹港口及基础设施归政府所管⑦，并建立起了一个复杂的管理网络，这其中也包含了政策、法律法规、具体的社会和经济等执行过程，使港口的海洋生态环境管理问题不单单被理解成环境

---

① EDI（Electronic Date Interchange），即电子数据交换，根据联合国标准化组织的定义，是指将商业或行政事务处理按照一个公认的标准，形成结构化的事务处理或报文数据格式，从计算机到计算机的电子传输方法。EDI 用户根据国际通用的标准格式编制电文，以机器可读的方式将结构化的信息（如发票、海关申报单、进出口许可证等"经济信息"）按照协议经过通信网络传送。报文接受方按国际统一规定的语法规则对报文进行处理，通过相应的管理信息系统，完成综合的自动交换和处理。EDI 遵循一定的国际标准或行业规则，自动地进行数据发送、传送及处理，而不需人工介入，从而实现了事务处理或贸易自动化。

② INTIS（International Transport Information System），即国际运输信息系统，是荷兰为满足贸易和运输需求而开发的 EDI 服务系统，能为用户提供一套覆盖杂货运输基本流程的完整的 EDI 标准信息。这个系统除了用于报关外，还用于处理运输指令、国际铁路运单、装运通知、装货清单、货物进出门等信息，每天可处理 2000 条信息。

③ 徐萍,梁晓杰,等.欧洲港口发展现代物流的启示[J].综合运输,2008(3):77-80.

④ 陈勇.从鹿特丹港的发展看世界港口发展的新趋势[J].国际城市规划,2007(1):58-62.

⑤ 李权昆.从鹿特丹看湛江港口物流中心建设[J].海洋开发与管理,2004(6):58-61.

⑥ 张世坤.有关汉堡港、鹿特丹港、安特卫普港的考察——兼谈我国保税区与国际自由港的比较[J].港口经济,2006(1):42-43.

⑦ 李娟,刘伟,李文娟.鹿特丹港"转变运输方式"计划及借鉴[J].水运管理,2013(12):35-37.

技术监控问题。一些荷兰学者也在各个利益相关方对港口发展和环境治理的不同观念、期望和建议上进行讨论，并基于这些差异来进行有效的沟通和决策设计。

毫无疑问，鹿特丹港口的经济发展会对港口的生态环境带来极大的压力。荷兰的土地资源相当缺乏，围海造陆工程规模很大，人们经常通过围垦造地活动来推进港口持续扩张。这种做法不可避免地使港口建设对附近海域造成不同程度的影响。由此，如何编制有效的区域发展规划，限制对海域的污染，就成为决策者们不得不认真应对的重要问题。荷兰自 1960 年起编制了五个国土规划，这些规划涉及综合湿地、海岸保护、水资源综合利用、海洋保护区、三角洲开发以及城市群总体规划等内容，它们能够以科学的方式指导海洋开发，探索开发活动对港口生态的影响、相关的经济效益和经济成本，以及技术可行性等问题。[①]

在规划的制定中，鹿特丹市将经济发展和改善居民的生活条件作为发展的目标，认为"只有最清洁的港口才是最成功的港口"。所以，其在港口建设中非常重视海洋生态环境保护。即使在大量的围海造陆过程中，仍然将生态规划纳入港口发展规划之中。这种意识与荷兰历史悠久的海洋文化传统相关。早在 17 世纪，被誉为"海上马车夫"的荷兰就掌握全球海上航线，而阿姆斯特丹也成为东方香料、欧洲粮食、油料、木材等货物的集散地。进入现代社会以来，荷兰把国家经济发展战略中的侧重点放在开发海洋、围海造陆、建造海港和借助海洋通道获取全球丰富的资源上。

作为执行的结果，荷兰利用港口优势展开资源进口和深加工品输出的贸易，并据此获取了巨大的经济利益。荷兰逐步从海运货物集散地发展成为国际贸易和加工中心，并最终成为欧洲的对外贸易强国[②]。在这一发展过程中，荷兰将港口建设与国土开发和防洪、水利等社会需要相结合，配套建设海洋开发所需的基础设施，加大相关投资力度以促进农

①　孙建军,胡佳.欧亚三大港口物流发展模式的比较及其启示——以鹿特丹港、新加坡港、香港港为例[J].华东交通大学学报,2014,31(3):35-41.

②　汪海.荷兰、韩国海洋开发对江苏沿海开发的启示[J].现代经济探讨,2010(11):40-43.

业、工业和服务业等全方位产业经济的发展。例如，在减少对海洋环境的损害方面，鹿特丹港还同时规划了 750 公顷的自然保护区（在鹿特丹周围建造新的自然和娱乐区），大大改善鹿特丹区的生活环境。这些经验表明，对海洋的开发和海港的利用要与科学规划和系统化的开发相匹配。

第二节　德国汉堡

汉堡港是欧洲第二大集装箱港口，也是德国最大和最重要的港口。汉堡地处欧洲东西、南北两大贸易线的交汇点，是欧洲最佳的货物配送和物流集散地。目前，汉堡港已发展成为德国、波罗的海地区、东欧、俄罗斯和中国及远东地区进出口货物的主要运输枢纽港和物流中心[①]。汉堡港位于汉堡市中心，其发达的产业集群也是其他工业及物流企业落户的重要基础。作为西欧连接中欧、北欧及东欧的先进且高效的交通枢纽，汉堡港使得国际商品交换能够顺利开展，并于 2004 年跻身于世界大型港口的行列。

汉堡拥有包含公路运输、铁路运输和海洋运输在内的综合性交通运输网络，其运输网络系统覆盖面甚广，可影响临近海区的多个国家[②]。汉堡港是欧洲最大的铁路运输口岸，港区内所有的集装箱和散货码头都有铁路直达。这些铁路与德国本土各个城市和欧洲中心地区紧密连接，每天始发和到达的集装箱列车多达 180 余列。港口铁路运输系统由 30 余家私营铁路公司经营，提供从汉堡港到德国、中欧和东欧各国等港口的铁路货运服务[③]。在公共基础设施建设方面，汉堡市政府还专门设计一个港口交通方案，以港口的经济用途为优先，并兼顾经济交通的安全性及便捷性，考虑对方案进行协调和逐步落实，也包括努力提高自行车交通的比例。

汉堡市以港口为依托，在港口周边区域大力发展传统及新型的临港

---

① 汪海.荷兰、韩国海洋开发对江苏沿海开发的启示[J].现代经济探讨,2010(11):40-43.
②③ 张成.走近德国港口物流[J].物流时代,2006(17):52-54.

产业,并联带着为许多大中小型企业的发展提供便利。在汉堡港,港口建设使造船、运输和物流等与港口密切相关的行业以及餐饮、旅游等行业均从中获益,也为大都市区的稳定及经济发展做出了重要贡献。与此相配套,汉堡市积极发展第三产业,市政府通过不同政策鼓励机制增强汉堡独特的港口参与性,从而促进整个区域的繁荣。旅游业在过去几年的增长尤为显著,为汉堡的经济发展做出了极大贡献。

在港口地区的扩展过程中,汉堡市政府一直在计划和发展方面起着重要作用。政府使重要的资源用途与港口保持一定距离,以免给港口使用或港口发展造成额外限制。为了更好地处理现有及潜在的冲突关系,汉堡市政府还不定期地统计城市土地利用、货物运输的需求和发展情况,并进行对比以确定城市的发展规划,寻找解决方案。此外,汉堡市设有两个重要的服务临港产业的机构——港口总体运营公司(GHB)和海洋职能中心(Ma-co),用以负责处理港区日常的管理工作。

在汉堡,城市管理系统给予进出的船只和货物最大限度的自由。具体而言,船只从海上进入或驶往海外不必向海关结关,只要具备"关旗"就可以不受海关的任何干涉。在转运货物的装卸、转船和储存过程中,货物进出不要求立即申报查验(甚至45天内转口的货物也无须记录),货物储存的时间不受限制。这种宽松的自由港运行规则便于进出船只的贸易,也有助于港内开展诸如仓储、运输、工业发展等业务[①]。

在生态环境保护方面,汉堡市政府积极进行生态规划,奉行低碳节能的原则。在城市建筑设计中,汉堡市政府要求各类建筑达到节能环保的高标准,实现了"城市性"(urbanity)与"生态性"(ecology)的统一。这使汉堡市成为欧洲城市可持续发展的典范,并在评比中获选"2011年欧洲最佳绿色城市"。为达到此目标,汉堡政府积极推行绿色运输链和清洁能源,践行城市可持续发展的理念。为减少大气污染的排放对海洋生态环境的负面影响,政府在改用氢气燃料公交车的同时进一步完善步行及自行车道系统,并以低廉的价格推广自行车租赁系统,以减少公共交

---

① 彭展,王松.欧洲考察话物流——中国石化物流硕士班考察欧洲物流业观感[J].中国石油石化,2008(2):46-48.

通对环境的污染。在供暖系统的创新中，汉堡市政府改用地热能、太阳能、热泵等新能源，为居住建筑提供了兼具效率和便利的能源，使碳排放量控制在每千瓦时 175 克以下（传统的天然气制暖技术的排放量的平均水平为每千瓦时 240 克），降低了约 27%[①]。

在土地开发和利用上，汉堡市政府科学地制定城市发展规划，高效利用土地资源。政府积极地进行生态规划，将已有的生态学原理融入城市的总体规划和环境规划中，依照生态学原理为港区海洋生态开发提供了建设性的战略，推动了人与海洋环境的和谐相处，促进了该港口城市的可持续发展[②]。城市不再向外围绿地扩张，而是对原先的老港区进行重新开发和利用。市政府把港口新城建在位于中心位置的原港口和工业区中，并对过去一些受污染的地块，如原天然气厂（今远洋板块南部）进行净化改造，大大降低了泥土凝结度，提升了土地的生态价值和利用价值。在港口新城中，将各种功能（如办公、居住、休闲、商业等）全方位地结合起来，缩短了相互之间的距离，减少密集的公共道路系统占用土地资源。

此外，汉堡市政府大力运用现代技术和工艺，进行基础设施的技术提升。2000 年港口新城建设伊始，柏林生态建设有限公司设计了港口新城环保建筑认证体系。该体系要求港口新城有关部门对在绿色环保方面表现良好的建筑进行评奖，以此来鼓励投资者更好地节约资源。这一模式为降低汉堡港口新城的生态负荷提供了标准上的保障，并且将激励节能环保理念渗入建筑体系中，使得新城相关建筑在环保环节能够在贴合国际标准的同时体现出港区的特色[③]，提升了居住和工作环境的舒适度。另外，自 2011 年起，汉堡市还为符合节能标准的货船在吨位费上给予减免，在很大程度上对环保运输发展产生了积极的推动和鼓励。

---

① 张世坤.有关汉堡港、鹿特丹港、安特卫普港的考察——兼谈我国保税区与国际自由港的比较[J].港口经济,2006(1):42-43.

② 车洁龄.汉堡港口新城低碳策略的实施及其空间影响研究[C].低碳生态城区与绿色建筑.第九届国际绿色节能与建筑节能大会论文集 S08[M].北京:人民教育出版社,2007:90-99.

③ 陈挚.城市更新中的生态策略——以汉堡港口新城为例[J].规划师,2013(S1):62-72.

第三节 新加坡

新加坡所处的地理位置十分优越,作为衔接太平洋和印度洋的重要航道和亚太地区最大的转口港,新加坡港曾经是世界上最繁忙且货运量第一的港口[①]。新加坡的转变依靠的是改变传统的货物集散发展经济方式,发展长航线大船舶和停靠中心港口的新模式。为此,新加坡大力发展港口基础设施。据 2011 年的相关资料显示,港区共有 37 个集装箱泊位,拥有岸边起重机 112 个,年处理能力为 2000 万个集装箱。在体系的组织方面,新加坡强化系统的港口监管制度及政策,设立新加坡海运与港口管理局监管新加坡港的港口和海运服务及相关设施并负责发放相关的执照。这一机构也起着新加坡港的开发者和促进者的作用。新加坡政府也致力于外资引进、推进科技创新和建设清廉的政府管治,将中转港贸易打造成为新加坡的核心竞争力产业。在此基础上,新加坡政府大力推进服务业和金融业的发展,通过物流园区的发展促进了新加坡物流服务的成熟,使其由劳动密集型产业向技术密集型和服务型工业结构逐渐转变。

由此,新加坡港的发展不仅仅局限在海运,它也发展与此相关的产业。新加坡采用新兴高科技和先进的技术设备,大力发展新兴的物流服务和运输仓储业,通过转变运输仓储业的传统结构,提升港区的运输仓储业和物流业的国际竞争力。在政府优惠政策的鼓励下,新加坡物流园区在保护绿色生态环境和提升区域吸引力方面开展了许多工作,为建设新加坡港区和提高新加坡国家竞争力注入了新的经验[②]。在大力发展城市经济的同时,新加坡也强调海洋生态环境保护的重要性。新加坡将很多地方设为自然保护区,例如武吉知马、双溪布洛等区域。这些区域

---

① 陈挚.码头及港口区改造的风险管理研究——以汉堡港口新城为例[J].上海城市规划,2013(1):41-47.

② 朱介鸣.物流服务、全球化制造业及城市结构的变化——新加坡案例[J].城市规划汇刊,2002(3):14-19.

良好的天然生态环境为不同的物种提供了栖息地。

新加坡港之所以能够在国际贸易链中发挥不可或缺的作用,得益于以下几方面的发展。在加强对海域污染的立法和执法管理方面,1990年新加坡成为《MARPOL73/78 国际防污公约》缔约国,之后其对领海及港口污油污水、垃圾和化学危险品采取严格管理措施,实行严格的法令和严厉的处罚(国家海事局罚款最高可达 50 万元新加坡币)措施,有力地制止了海上污染的发生。与此同时,新加坡采取严格的航运交通管制,保证航行安全,减少海洋污染事故发生的隐患。1981 年,新加坡同印度尼西亚和马来西亚共同建立起交通分流体系以加强该海域的交通管制。这一分流交通航道体系的建立和港区计算机综合海事操作系统的应用,在一定程度上降低了在该海域海峡内反向行驶船只的溢油事故及其对环境的影响。同时,新加坡积极开发模拟溢油的计算机软件并制订有效的应急计划。此种软件可以模拟一个固定源的溢油(由碰撞或搁浅造成的溢油)或一个移动源的溢油(路过或已知去向的船只的非法排放)。这对于制定切实可行的应急措施,有效防止油污扩散非常有帮助,有利于对海上事故进行预防和应急处理。

另一方面,新加坡注重对污水和垃圾进行无害化处理,减少陆源污染。新加坡利用焚化炉处理垃圾,借此发电之余,烧完的灰烬和其他工业废料,都会弃至当地的实马高岛。当这些垃圾填至一定高度,应当地环境局要求,会铺上沙和草,栽种植物,从而吸引物种栖息,保持生物多样性。另外,新加坡也十分重视科学谨慎地处理破坏生态环境的垃圾,建立海上清扫队和专门机构提供污染处理和垃圾接受服务。在污水处理方面,新加坡建有 6 个大型污水处理厂,处理工业及家居污水,当污水达标时才排放出大海,将对淡水或海洋生态的影响减到最小。此类服务主要针对船舶工业带来的油污水和港区内的生活垃圾。例如,在港口码头 6.4 公里以外的史巴洛岛上设有专门的污水接受中心,不间断地接受处理来自港区的污水、油渣和洗舱水等①。

---

① 洪丽娟.新加坡港海洋污染预防综述[J].交通环保,1995,16(5):23-28.

此外,政府和社会各方一起致力于倡导海洋保护的战略,采用系统性的配套措施,在海洋生态保护各方面展开工作。新加坡在海洋环境保护教育方面下了非常大的功夫,尤其是重视学生及民众的保护意识宣传工作。其次,政府在经济发展中注重港口经济的发展与海洋生态保护,根据国际趋势及时调整战略,立足于新加坡的港口物流优势,向生产、服务、贸易等多个环节延伸。第三,打造花园城市,用绿色环境吸引高科技人才的同时刺激带动国内产业转型,强化绿色交通体系的建设。第四,对可能预见的海洋污染制订严密的防控计划,在海洋污染的监测、预防或在现实污染的处理方面,新加坡港都分工明确、组织严密。这些措施都为新加坡建设绿色港口、发展海洋生态经济、进一步提升港口国际地位提供了保障。

第四节　中国香港

中国香港也是世界上最大的集装箱港口之一,拥有世界一流的基础设施储备。香港管辖的水域面积约 1600 平方公里,拥有丰富的海洋资源,而海洋经济也发展成为经济增长的重要推动力。香港实施自由港政策,采用高效率的私人企业管理模式。作为世界上少有的私企管理模式的代表,香港港区市场化的业务经营和管理很少受当地政府的干预。经过几十年的发展,香港港口的物流服务依托其繁荣的国内外商业贸易得以蓬勃发展,与物流相关的航运交易、航运信息以及租赁、运输等市场也随之成熟。

和新加坡一样,香港的城市发展历程伴随着不断向海要地的过程。香港从人多地少的"渔村"发展成为港口城市,原有陆地面积无法满足海运港口的发展需要,因而填海造陆成为进一步扩大发展的主要方法。香港在填海造陆的过程中十分注重对海域生态环境的保护,运用先进的海洋科技,尽量减少开发对海洋生物繁衍栖息地的破坏以维持物种多样性和海洋生态圈系统的平衡。同时,在保护海洋和近海滩涂生物和生态系统免受污染的影响和破坏方面，香港也做了大量工作，有效地防止了灾难性的环境污染和生态环境破坏事件的发生。

在政府环境保护方面的政策行动中，香港特区政府强化海洋环境保护立法工作，推进可持续发展的海洋政策。香港特区政府遵照《防止倾倒废弃物及其他物质污染海洋公约》、《国际防止船舶污染公约》和《国际油污损害民事责任公约》等国际公约，按照国际协议承担相应的有关海洋环境保护义务，确保香港海洋环境资源的经济与社会利用的可持续性，维护香港海洋生态环境的丰富多样性。为此，香港特区政府结合本地的实际情况，先后制定和颁布了一批香港海洋环境保护法规，如《海岸公园条例》、《动植物（濒危物种保护）条例》、《渔业保护条例》、《野生动物保护条例》等，形成了以本土法律为主体的海洋环境保护法律法规体系。与此类似的还有，新加坡政府在这方面不仅对领海及其港口垃圾排放物和化学危险品等采取了严格管治，也通过实行各项优惠政策来鼓励港口物流园区和绿色生态环境的建设。这些立法和政策都强调生态环境保护的价值优先性，并在一定程度上限制环境保护园区内的经济开发。

同时，香港特区政府在环境监测方面也取得了许多成功的经验。香港有近20年在近岸海域实施环境监测的历史。目前，香港共布设94个水质监测站位，每月监测一次（避风塘每月2次）；共布设60个沉积物监测站位，每半年监测一次，监测指标20余个。香港特区政府及相关部门通过设置这些监测站位，基本掌握了近岸海域水质变化和污染物情况。同时，香港环保署还监测泳滩共43个，该监测以流行病学作为基础，使目前香港大部分泳滩水质良好；为配合传统的物理化学参数监测水质，自2004年起，香港环保署还开展了海域有毒物质监测计划和生物指标监测计划，积累了大量连续的监测数据，为有效进行监督提供了依据。

近年来，为防止海洋开发带来的环境破坏，香港建立了一系列规章制度和监管部门以严格制止过度围垦、滥伐、滥挖等破坏性行为。香港环保署的装备条件也较好，有多艘"海监"船和数架"海监"飞机，经常开展海上巡航监视活动。为开展海上监测工作，香港环保署专门配备了监测调查船"林蕴盈博士号"，对于监测近海海域生态系统的变化做出了积极的贡献。为开展大气监测,香港有关部门购置了流动环境监测车及先进的实时大气监测仪器,还配备了粒度测定仪、挥发性烃分析仪、元素碳分析仪、卫星定位仪、标准污染气体监测仪及自动气象站等设备,使香港空气污染和货车排放的废气量降至最低。由于香港有 80% 以上的近岸海域污染来自陆源污染,因此香港人在陆源污染治理方面的认识比较深。香港特区政府认真抓好建设项目审批和竣工验收的问题,建立了较大规模的海洋环境管理和监视机构,并有一支配有装备的执法队伍,由行政管理、工程技术、监察、后勤支持等专家构成,其职责包括向市民提供与渔农业、自然存护、动植物及渔业监管有关的服务。

　　此外,为了达成海洋生态保护的目的,香港建立了一批与海洋有关的各类自然保护区,包括海洋珍稀动物类、海岸地质类、湿地生态系统等自然保护区。至目前,全港建有 23 个郊野公园、5 个特别地区、4 个海岸公园、1 个海岸保护区、4 个湿地保护区。由于香港的受保护地区遍及全港各区,因此按照有关法规对其区域内的动植物进行强制性保护能较好地维持该地区的生物多样性[①]。同时,香港特区政府也为开展相关“净化海港计划”以减少污水排放的污染性加大资金投入,在维多利亚港推行了分为两期的大型净化水质计划。第一期耗资共 82 亿港元,耗时约 7 年,主要兴建了深层隧道输送系统,平均日传输污水处理量可达 135 万立方米。除了处理污水外,该输送系统每天还能减少向维多利亚港排放约 600 吨污泥,在一期工程未启用前,香港每天约有 170 万立方米的污水未经处理就直接向维多利亚港排污,可见第一期的启用获得了重大成效。海港净化的二期工程计划投资 189 亿港元,主要用于完善净化所需的生化物质的处理设备,旨在处理港岛其余地区的污水,并且适应人口增长的需要,使海港两岸的污水得到妥善处理[②]。

　　再者,香港有关部门对海洋生态保护的宣传教育工作也十分重视,通过采取多元化形式提升公众保护海洋环境的意识,从而提升公民进行海洋环境保护的自觉性和主动性。香港渔农署及相关管理部门每年都

①②　王轲真,王奋强.深圳近海海域环境恢复良好[N].深圳特区报,2007-07-03.

举办不同的海岸公园教育活动及制作不同的刊物和展览品,以增加本地社群对香港海洋环境及海岸公园的认识,通过一些知识问答及计算机动画来增强宣传效果,并通过广泛的宣传来调动社会团体和科研单位投入海洋生态建设领域,扶持海洋环保教育事业的发展,营造海洋生态保护的优良风气。

在加大海洋环境保护意识宣传的同时,香港特区政府还积极强化队伍建设。香港环保署拥有1600多人的执法队伍,工作人员的业务水平都非常高、非常专业,并且技术装备条件较好。他们在环境监测和净化水方面,以及在推进海洋文化建设、培养公众海洋保护意识和调动公众参与海洋生态环境保护方面都起到了重要作用。有关部门采取巡回检查、定期抽查、安装监测设施等手段,普遍加强了对排污单位的检查和管理,发现问题即及时查处。

香港也设立环境咨询委员会,为香港特区政府提供有关环境保护和污染防治问题在立法、行政、政策执行等方面的建议[1];宣传人与海洋环境和谐共处的理念,设立科学规划、法律约束等,鼓励人们不断提升人类自主的环境保护意识,进而提升人们保护海洋的自觉性。

第五节　境外经验的讨论

从各地海港城市建设、区域发展和海洋生态保护的经验来看,我们可以总结出以下几个基本要点。首先,上述各个港口城市均把海洋开发与保护相结合作为其发展的原则,并通过港口建设带动与海洋相关产业的发展,使之成为这些城市的经济增长点。这些产业发展都带动了当地经济的繁荣,从而为海洋生态保护提供了相应的技术和资金支持。在处理海洋污染和环境改造方面,荷兰、德国、新加坡以及中国香港等地的政府都在其港口建设过程中把海洋生态环境保护作为基本职责。例如,荷

① 王轲真,王奋强. 深圳近海海域环境恢复良好[N]. 深圳特区报,2007-07-03.

兰鹿特丹市政府强调,"只有最清洁的港口才是最成功的港口"。在香港,港口经济的发展主要由相关的企业来实现,因而其港口的基础设施几乎都由私人企业投资建设并经营管理,特区政府则通过立法、执法、发展科研和推进海洋文化建设等方式来履行其职责,承担对海洋环境的保护责任。

同时,这些城市在港口建设与区域发展中,十分注重区域规划所起的作用。各大港口城市都把生态规划与城市总体规划相结合,一些港口城市甚至把海洋生态质量作为经济发展的综合指标之一。比如,汉堡港口新城积极的生态规划和一系列生态措施的落实,为城区环境的改善和城市的发展提供了基础。香港在城市规划中也以其45％的面积来建设生态保护区,包括郊野公园、海岸公园和特别保护区。这使港口建设、城市规划、环境保护和海洋生态环境的修复等需求紧密联系,从而避免了用"头痛医头,脚痛医脚"的应急方式,采取滞后的措施对生态进行修复。可见,科学的区域规划是促使社会和生态协同发展、控制港口建设在环境污染方面风险的基本途径。同时,从这些个案中我们不难看出,政府在港口的发展、区域的设计、海洋生态的保护和对环境状况的监测方面都扮演了非常重要的角色。各地政府设立专门的管理机构来负责港口事务,例如通过鹿特丹的港务局和新加坡的海运与港口管理局来具体地实施港口发展规划。

在这些海港城市,政策的制定和推行都兼顾监督和激励两方面来推进港口建设并建立起平衡。在监管方面,新加坡、汉堡、香港等地区都针对海洋开发和保护颁布了相应的法令,监测和防止海上污染的发生,杜绝无节制的海洋开采捕捞。它们遵照《国际防止船舶污染公约》、《防止倾倒废弃物及其他物质污染海洋公约》和《国际油污损害民事责任公约》等国际公约,并按照上述规定承担相应的有关海洋环境保护义务。尤其是在香港,有关海洋环境保护立法较多,特区政府也十分重视海洋环境保护立法工作,先后制定了包括《海岸公园条例》、《动植物(濒危物种保护)条例》、《渔业保护条例》等一系列与海洋环境保护相关的法规。这些法律法规在一定程度上使海洋环境保护工作做到了有法可依,也限制了对于资源的无节制开发的风险。这些条例对海洋生态环境的保护也起到积极的作用,并初步形成了以本土法例为主体的海洋环境保护法律法规体系。

同时,上述城市也十分重视对环境状况的检测工作,包括水质监测、生物指标监测,以及低碳减排等工作。例如,香港环保署设立了多种环境监测站,并依托先进监测技术,定期开展生态监测,及时更新监测数据。鹿特丹市也为监督控制海洋环境保护进程提供了技术基础。汉堡市则积极开发绿色能源,推行以氢气为燃料的新能源交通系统,采用太阳能、地热能等低碳能源进行供暖。与此同时,汉堡市还强化环境执法工作,培育海洋生态的管理队伍。香港特区政府建立了较大规模的海洋环境管理和监视机构,并有一支配有装备的执法队伍。行政管理、工程技术、监察、后勤支持等人员分工都非常明细、具体。香港渔农自然护理署为渔农业及渔业监管有关提供服务,工作人员多达 2000 人。这些海洋环保队伍素质较强,是加强海洋环境保护工作的组织保证。也有些独立组织或法定委员会的人才会就其负责的有关事务,经常向渔农自然护理署等提供意见或建议。他们能够将生态规划和城市规划有效结合起来,推动有关工作的开展。

在激励方面,各地政府也通过各种政策措施鼓励民众参与到各种环境保护活动中,通过奖励来调动企业和群众共同参与港口建设和海洋保护的积极性。香港地区通过广泛调动社会团体和科研单位投入海洋生态建设领域,为改善并合理利用海洋环境、促进港区新发展提供了理论和技术基础。当地政府也积极在相关决策的过程中征询专业咨询委员会的意见,以便更科学地利用海岸资源,贯彻落实可持续发展海洋战略[①]。各地政府都强化海洋环境保护意识,采取多种形式进行海洋环境保护的宣传教育工作。此外,香港渔农署及相关管理部门每年都举办不同的海岸公园教育活动及制作不同的刊物和展览品,以增加本地社群对香港海洋环境及海岸公园的认识。其具体形式丰富多样且贴近生活,如

---

① 李舒瑜.像开发西部一样把眼睛瞄向海洋[N].深圳特区报,2006-11-26.

通过一些知识问答及计算机动画来增加宣传效果,引起了广大青少年的学习兴趣,收到了很好的宣传效果。这些做法增强了广大群众的海洋环保意识,增强了他们在海洋环境保护中的自觉性和主动性。

在海洋生态保护的研究方面,海港城市的开发与保护和科学技术与管理手段的进步和运用得当关系密切。海洋科技往往具有整体性和综合性,海洋化工、海洋物理、海洋生物、船舶修造、海洋工程这些议题之间密切相关,需要有科技力量的进步来引领。在这些国际著名港口的建设进程中,不断发展的能源和科技创新为打造绿色生态经济提供了驱动力,也为海洋产业的繁荣和海洋科技城的建设提供了强有力的技术保障。正如我们看到的,在港口建设中,科技发展水平推动了港区经济的更新换代,使建设海洋工程、海岛保护、海洋中转基地、物质储备等一系列项目成为可能,从而为人类合理利用海洋的水资源和能源提供了技术条件。因此,在港区发展中,建设科技基地和海洋研究中心要与港口经济的发展相配套,与高校和研究机构合作,设立海洋科教研发基地、海上技术公共试验场、海洋科技示范与成果转化基地等,并向当地企业开放和提供科研技术支撑服务。

总之,借鉴境外著名港口城市的发展经验,我们可以看到港口城市建设需要建立在经济开发和生态保护并行的基础上。没有当地的经济发展,港口城市将难以负担海洋生态环境保护的成本,海洋保护也就无法取得实效。反过来,对海洋生态环境的保护也可以成为海洋经济发展的基础,因为海洋环境质量对港区经济的持续发展具有直接性的影响。境外经验有助于我们开阔思路,从实践和意识两个方面来推进舟山新区海洋经济建设和海洋生态文明建设。同时,发展海洋经济就要大力发展科学技术,海洋经济的发展离不开科学技术的创新和渔业生产的更新换代。例如,科学技术的发展提升了我们对海洋环境的影响能力,促使海洋经济的结构实现了从捕捞技术的提升到深加工技术的开发,从海水淡化、物流运输信息化到海洋科技城的发展,从海上石油的开发到海洋旅游事业的发展,从以渔业生产为基础到以海洋研发为基础的转型升级,这些人类活动都会对海洋生态环境产生影响。大力发展涉海科学技术,引进新学科、新技术、新人员，给予海洋学科更广的发展空间和资源，是强化海洋生态保护事业的知识基础。

此外，港口发展也要设立合适的战略和采取恰当的措施。过去舟山群岛新区发展的滞后性在一定程度上是由于只注重经济发展的策略而不注重发展战略问题的研究，以牺牲生态环境和民生为代价的。而未来舟山群岛发展所要采取的战略考虑是要讲求目前的经济发展可以为未来预留下多少资源的空间，或者为日后的发展开拓多大的资源潜力。因此，我们要合理地运用各种有形的物质资源，也要开发和利用资金、人才和知识这些无形资源，建立新的发展基础。正如我们在境外经验中所看到的那样，港口建设应与自然保留地建设同步，港口码头建设应与国际贸易中转的银行物流和信息服务中心建设同步，渔业经济和海洋研发也应同步推进。这些都是我们实现纵向经济、持续经济和递进经济的基本途径，也是舟山群岛新区建设可以遵循的战略理念。当然，要达到此目标，社会动员也是必不可少的。要调动公众参与海洋生态环境保护的积极性，大力推进海洋文化建设，培养公众海洋保护意识，努力在社会范围内形成全民参与海洋生态保护的良好氛围。这就涉及政府、企业、当地不同群体的分工和利益协调，而政府要积极组织协调各方利益，为保护各利益主体在海洋开发中的合法权利提供制度保障。

第四章
舟山群岛新区建设与海洋生态环境概况

第一节　舟山新区发展的潜力和优势

舟山新区富饶的海洋资源是推动其经济发展和港区建设的核心竞争优势。舟山群岛拥有丰裕的渔业资源和多样化的海洋生物物种资源，素有"东海鱼仓"和"中国海鲜之都"的美称。它拥有中国最大的渔场——舟山渔场，面积达 10.6 万平方公里，盛产包括鱼虾、贝类和藻类等在内的上百种海产品。其外则是浩瀚的东海渔场，涵盖大陆架的渔场面积为 57.29 万平方公里，拥有鱼类约 360 多种，虾类 60 种，蟹类 55 种，贝类 100 多种，藻类 131 种。该海域内栖生物的种类明显多于浙中、南部海域，其中潮间带生物共有 300 多种，以藻类、软体动物、甲壳动物为主。而水深 40 米以内的游泳生物也有 300 多种，以鱼类和甲壳类为主[1][2]。可见，舟山地区拥有具有特色和相当规模的海洋资源，且种类多

① 吕蓉.港口规划环境影响评价的研究及实践[D].大连：大连海事大学,2006.
② 郝爽.舟山,应海而生因海而兴的魅力之城——访浙江省舟山市旅游局局长干松章[J].文化月刊,2009(6):10-11.

样、数量丰富,这些资源当然也需要得到充分的开发和合理的利用。

舟山新区的地理自然条件也得天独厚。它地处亚热带季风气候区且四周环海,有着充足的阳光和丰沛的雨水。根据相关气候统计资料,近年来该区的全年平均气温在 16.3℃,年日照时数超过 2000 小时,年均降雨量 1366 毫米,相对湿度在 80% 左右。舟山空气质量和森林绿化覆盖面积都很高,是宜人居住的最佳地区之一①。与此同时,舟山也具有悠久的人文传统和优质的旅游资源。全区现在约有 23 座岛屿拥有旅游观光景点,其中包括全国首批 5A 级景区之一的"海天佛国"普陀山、被誉为"南方北戴河"的嵊泗列岛以及岱山和桃花岛两个省级风景名胜区。而沙滩、山景、民俗、美食、历史等颇具吸引力的旅游文化也都将成为舟山港区开发和建设的着力点②。借此,舟山新区成了集"港、景、渔"特色海岛风光和历史悠久的佛教文化于一体的旅游胜地。

在地理位置上,舟山群岛具有既处在上海和宁波之间的"海三角""一角"的位置上,又处在上海和台湾直线之间"中位"的区位优势。充分发挥这种优势可以为舟山市的发展带来新的便利条件。根据上海发展的经验,其所处宁波和南通之间的中端优势为当地的发展提供了有利的条件。而在历史上,台湾最初也是利用其地处上海和香港之间的中端优势来获得发展的。这使舟山群岛也可以利用这种中端优势来进行发展,增强舟山—上海—宁波之间形成的"海上大三角"与陆上"大长三角"间的互动关系。

改革开放 30 多年来,舟山市的地区经济在国家政策的扶持下快速发展(见图 4.1)。进入 21 世纪以来,该地区的 GDP 从 2000 年的 127.57 亿元(人均 GDP 1.2 万元)增加到 2010 年的 633 亿元(人均 GDP 5.9 万元)。与 2005 年的产值相比,2010 年海洋经济增加值占全市 GDP 的比重提高了 7 个百分点。2013 年,舟山全市的生产总值达到 930.85 亿元。第一产业、第二产业、第三产业的产业结构比例为 10.3:

---

① 全永波,徐晨,周鹏.舟山新区发展视野下的浙商回归:模式与路径[J].经济师,2014(6):172-176.

② 王跃伟,陈航.舟山市海岛旅游资源评价及开发对策研究[J].海洋信息,2010(1):24-27.

44.2：45.5。到 2014 年,全市规模以上工业总产值达 1524.29 亿元,比上年增长 13.0％[①]。

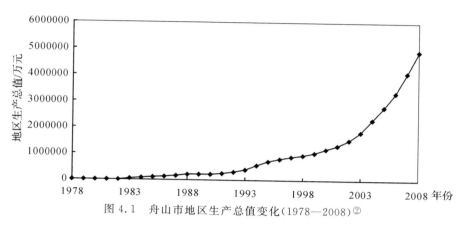

图 4.1　舟山市地区生产总值变化(1978—2008)[②]

　　这种快速发展的态势很大程度上是由海洋经济的发展所驱动的。我们所说的是一种由陆地经济转变而来的海洋经济,它不是从陆地经济简单直接照搬过来就可以的。根据相关数据,2010 年舟山的海洋经济结构中包含海洋船舶工业(24％)、新兴涉渔工业(10％)和其他高新技术产业(如海洋化工 5％、海洋生物医药业 1％)等海洋产业(见图 4.2)。2013 年,海洋经济增加值占全市 GDP 的比重为 69.1％[③]。目前,舟山新区已经成为我国船舶制造和维修的重要基地,港口物流服务业的发展也推动舟山港口逐渐由地方性小港口发展为区域性中转大港。2011 年,舟山港域吞吐量达到 2.6 亿吨,约占浙江沿海港口吞吐量的三分之一,连续 12 年跻身全国沿海十大港口之列。海洋经济的快速发展也大大改变了当地居民的收入状况。以舟山渔民为例,其收入呈现出持续快速增长的态势,2010 年全市渔民人均收入为 13800 元[④],到 2014 年年底达到

　　① 舟山群岛新区统计信息网. 2014 年全市经济运行情况分析[EB/OL]. http://www.zstj. net/ShowArticle.aspx? ArticleID＝6316,2015-01-27.
　　② 中国城市规划设计研究院. 浙江舟山群岛新区空间发展战略规划(专题研究)[R]. 北京:中国城市规划设计研究院,2011.
　　③ 舟山市统计局,国家统计局舟山调查队. 舟山市 2013 年国民经济和社会发展统计公报[N]. 舟山日报,2014-03-22.
　　④ 沈承宏. 把舟山建成全国现代渔业强市[N]. 中国渔业报,2011-08-08.

21226元①。同时,地区渔民的收入结构也发生了较大变化。随着渔业领域第二、三产业的发展,来自海洋捕捞等第一产业的收入比例有所下降,而受免除渔业税、减免渔业规费、发放柴油补贴等政策的影响,渔民的转移性收入比重则大幅增加。

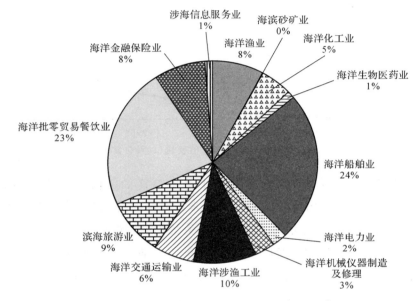

图 4.2　2010 年舟山海洋经济构成结构(％)②

　　海洋经济的发展也促使地区生产方式的转变。舟山市从循环经济的视角来审定经济发展规划和海洋产业发展规划,把形成海洋经济发展范式作为其战略性的导向,规避了只看到眼前经济利益的误区,走出了传统上以农渔业为主的发展格局(渔业仅占 8％),初步形成多元产业鼎立的格局。目前,舟山的海洋渔业通过引入深加工和供销产业链等方式,推动传统捕捞式渔业向现代化渔业转变,并在充分调动运用人力资源、社会关系资源、资金资源等无形资源的基础上,进一步推动了渔业产

　　①　舟山市海洋与渔业局.2014 年浙江舟山市渔业经济呈平稳增长态势［EB/OL］.http://www.shuichan.cc/news_view-232139.html,2015-01-16.
　　②　中国城市规划设计研究院.浙江舟山群岛新区空间发展战略规划(专题研究)［R］.北京:中国城市规划设计研究院,2011.

业的可持续发展①。此外，近年来舟山市积极发展旅游产业，而其海洋医药产业也通过不断创新生产出了具有相当国际竞争力的产品②。这个过程意味着经济发展的方式由粗放型向集约型转变，从策略经济向战略经济转变，并推动自然经济转为科技经济③，形成一个通过集约方式达到效率、效益和效果相协调的经济运行范式。同时，由于新兴的海洋经济纳入其中，进一步形成了一个以海洋资源为核心来带动陆地城市经济运行发展的经济范式。

第二节　基础设施建设

作为新区发展的基本条件，城市基础设施、公共交通条件、港口基础设施等建设是推动舟山市城市发展的前提条件。在舟山成为国家级新区后，其基础设施条件也在不断完善，已形成了集水路运输、陆地运输、航空运输于一体的集疏运交通网络。在航空运输方面，舟山市已开通飞往北京、上海、厦门、晋江、南京、济南等的 18 条空中航线，海陆空运输的有机结合为新区的发展奠定了设施基础。水路运输中，其远洋运输能力已经可以将货物直接送达包括日韩、港澳地区在内的多个国家和地区。此外，还有数条高速客轮航线和汽车轮渡航线与上海、宁波连接。在陆地运输方面，舟山跨海大桥已顺利建成通车，实现了舟山本岛及其附近岛屿与大陆的连接。舟山也正在不断加强各岛内部的公路建设，其中，舟山公路建设史上最长的舟山北向疏港公路也已建成并运行④。

作为具有发展成为国际大港潜力的城市，舟山市正大力进行港口建设，其在区域规划中把建设国际自由港作为新区发展的远景目标。自上海自贸园区建立之后，舟山市也在努力加快建设舟山群岛新区。尽管这

---

①　黄建钢."浙江舟山群岛新区·现代海上丝绸之路"研究[M].北京：海洋出版社，2014.

②　中国城市·中国网.舟山新区概况[EB/OL].http：//city.china.com.cn/index.php? m=content&c=index&a=show&catid=188&id=25907454，2015-01-05.

③　钱奕.以海洋思维来看待海洋经济——专访浙江海洋学院党委副书记黄建钢教授[J].观察与思考，2011(9)：25-27.

④　王家伟，查志江.我国第四个国家级新区——舟山群岛新区[J].地理教学，2011(19)：8-10.

种态势会给舟山新区的建设带来一定的压力,但舟山新区政府通过借势和错位的策略,另辟发展蹊径,希望能够跳过"自由贸易园区"的阶段而直接建设"自由贸易港区"①。目前,舟山港已经具有很好的发展基础,到2013年拥有3000吨级以上码头47个,配备有各种货物的锚地44个,30万吨级的航道达7条,海运能力403万吨,并正在走向远洋海运领域。特别是在"十二五"期间,舟山市通过新建扩建中心渔港形成了一批促进渔业三次产业协调发展的渔港经济区,并形成了一个多网点的港口体系②。

从海洋经济的发展看,舟山区域所具有的发展潜力是很大的。全市适宜建港的岸线可达1538公里,且20米以上水深的岸线有144公里③。舟山港拥有虾峙门航道、马岙港区公共航道、条帚门航道、洋山进港航道、马迹山进港航道等大型航道14条,30万吨级的航道达7条④。全市可开发利用的深水岸线资源主要分布在舟山岛、岱山岛、六横岛和衢山岛等45个岛上,这些航运资源还有待进一步拓展。尽管目前舟山市各个岛屿之间的基础设施建设很不平衡,陆域面积大的岛屿功能产业发展快,而陆域面积小的海岛在基础设施配套方面相对滞后,发展比较缓慢,但目前该地区正在大力发展港口城市和临港产业,从而有望从整体上改进发展不均衡的状况。基于这一背景,我们可以看到舟山地区在发展国际自由港方面前景很大。例如,通过发展物流和仓储产业、建设海洋医药基地或金融服务中心等推进海洋运输相关产业的发展,形成具有特色的发展目标。

从目前的状况看,舟山新区在基础设施的建设方面已经形成了一定的基础。舟山新区地处海岛,淡水资源相当匮乏,严重影响到舟山新区人们生活和生产活动的需求。以往舟山通过建设水库、开采地下水,以及对海水进行淡化等措施来改善淡水资源缺乏的现状。但随着海岛经

---

① 自由贸易港区比自由贸易区更开放,是设在国家与地区境内、海关管理关卡之外的,允许境外货物、资金自由进出的港口区,目前世界集装箱港口中转量前两位的是新加坡港、中国香港,均实施自由港政策,吸引了大量集装箱前去中转。

② 沈承宏.把舟山建成全国现代渔业强市[N].中国渔业报,2011-08-08.

③④ 吕蓉.港口规划环境影响评价的研究及实践[D].大连:大连海事大学,2006.

济的发展,这些方式引水已不足以满足当地生产和生活的需要。为此,当地政府开设引水公共建设项目,2003 年舟山市建成了大陆引水工程,从宁波姚江引水穿越杭州湾灰鳖洋海岛至舟山本岛,年平均引水总量有 2160 万立方米。大陆引水工程二期工程也于 2014 年年初开始试运行,年均引水量可达 6633 万立方米,并且大陆引水工程三期工程也在推进中。在电力供应方面,2010 年浙江 220 千伏舟山—大陆联网工程建成投产,2014 年舟山发电厂相继投入使用,连岛电网工程相继建成,增强了居民日常生活的保障和供给能力,也为新区经济发展提供了坚实的电力保障。至 2015 年,舟山电网拥有 220 千伏公用变电站 4 座,主变 8 台,总容量为 150 多万千伏安,110 千伏公用变电站 20 多座,总容量为 270 万千伏安①。这些水电供应项目既为海岛发展提供了基本的保障,也为民众生活的改善创造了良好的基础设施条件。

在通信网络的建设方面,2011 年浙江省舟山市普陀区政府实现了全区范围内无线局域网的全覆盖,成为国内首批免费 Wi-Fi 全覆盖的旅游城市,这为当地居民和流动人口的日常生活和旅游出行提供了极大的便利。"舟山群岛枢纽港"建设目标的实现要依托现代化网络信息技术,与"网上舟山群岛港"平台相结合共同打造数字化的"立体舟山港"的概念。在利用数字信息系统来构建大宗商品的网上和网下交易交换的同时,也要努力实现以船和货的信息为主的经济信息处理智能系统的建设,并同时构建以人和事的信息为主的社会信息处理和管理的智能系统。在此,建设智能港和无形港也成为舟山新区开发的重要工作任务之一。"无形港"建设主要用在登记备案和转运交割等港口交易手续的办理以及矛盾争议等问题的处理方面。

与此同时,近年来舟山市在城市污水处理方面的工作也有许多改进。截至 2013 年,舟山市城区、城镇污水处理厂正常运行的有 13 座,全市共有排水管道 1000 公里(其中污水管 600 多公里),这些都为提升舟

---

① 刘佳.舟山群岛新区"十三五"电网规划工作正式启动［EB/OL］. http://news. xinhuanet. com/energy/2014-04/17/c_126402511. htm,2014-04-17.

山市的环境建设提供了条件①。在交通规划方面,2014 年政府在交通基础设施方面加大投资和更新船舶的力度,增加了 7 艘可载 2433 人的客运船舶;在航线调整力度方面,则新增了普陀山(朱家尖)—桃花—六横高速客船航线,且在嵊泗区域率先建立了航线统筹合作共营机制。此外,新区还完成了 43.1 公里农村联网公路建设任务。而生态廊道保洁机制、绿化带补植计划等也推动了新区生态景观廊道的形成②。

以这些基础设施建设为依托,舟山群岛新区正在努力加快建成枢纽港。虽然舟山新区的建设是在行政区划的基础上进行的,但海上枢纽港的功能定位则要求依靠自然地理位置而不是行政区划的概念来进行建设,要求把舟山群岛新区作为一个整体来考虑。枢纽港建立的建设进程需要自由市场和政府政策的协力推动,并从资源整合的角度将各岛屿整合为枢纽港的"子港",通过其运行的综合效应来降低海上运输成本。"舟山群岛枢纽港"这一建设目标的提出,是舟山走向重要国际港口的必经之路。在这过程中,需要加强对船舶、码头和港航业务的综合管理,形成新的港航体制以适应从分散到整合的港口整体建设需要。作为远景目标,这一建设蓝图甚至可以与上海和宁波港在业务上相互融合,使它们成为舟山群岛枢纽港口网络的成员来扩大港口的功能③。

作为建成枢纽港这一目标的基础,舟山新区必须先发展成国际自由港。2012 年国务院批复的舟山港综合保税区包括本岛分区和衢山分区,并分成两期进行建设。其中,本岛分区的定位是以海洋装备制造、电子信息和海洋生物等先进制造业和仓储物流为重点,致力于成为大宗商品定价中心。衢山分区则将以大宗商品(煤炭、矿石、油品和液体化工品等)中转、储运、保税仓储为立足点,打破舟山大宗散货只有中转的局面,引进炼化、石化、煤化等临港产业,形成产业集聚和延伸④。与此同时,

① 应日磊. 舟山市污水处理设施及管网现状[EB/OL]. http://www. zsdx. gov. cn/mainWebSite/news/c9f71ead-c0fb-417d-869e-d3f8e38b520c. html,2014-04-10.

② 舟山交通. 2014 年度舟山市政府个性工作目标完成情况自查报告[EB/OL]. http://www. zsjtw. gov. cn/gzfw/newsdetail. jsp? doc_id=20150615103808_1,2015-06-15.

③ 黄建钢.“浙江舟山群岛新区・现代海上丝绸之路”研究[M]. 北京:海洋出版社,2014.

④ 舟山新区网. 舟山港综合保税区衢山分区概念性规划初步形成[EB/OL]. http://zsxq. zjal. com. cn/,2014-01-01.

舟山市也将着力发展物流产业,规划建设朱家尖国际邮轮码头,以及由嵊泗礁李柱山、小洋山沈家湾、衢山、岱山、六横大峧、桃花沙峧、定海三江、定海鸭蛋山和朱家尖蜈蚣峙9个地区性水路客运中心构成的综合水运体系,并建成以地区性水路客运中心、一般性客运码头、旅游交通码头以及邮轮码头等为节点的多层次海上交通网络。此外,舟山也正在努力发展成为我国第六个(前五个为重庆、上海、郑州、杭州、宁波)拥有跨境电子贸易平台的综保区。舟山跨境电子贸易平台的建成也将使舟山综保区与中国香港等自由贸易港区进一步接轨①。舟山新区的这些发展不仅仅将对本地经济的发展发挥作用,而且也将对区域经济和中国海洋经济的发展起到举足轻重的作用。

第三节　环境的承载力

在进行舟山新区建设的过程中,我们既要看到新区发展的巨大潜力,也要明确新区建设所面临的环境承载力的限制。舟山市的发展虽然具有各种天然的环境优势,但同时也会受到环境因素的制约。这些制约因素可以通过考察新区发展的环境承载力反映出来。从概念上说,环境承载力可以界定为"在一定时间、一定空间范围内,生态系统所能支持的资源消耗和环境纳污程度,以及社会经济发展强度和一定消费水平的人口数量"。它包括生态系统的自我调节以及人类生活反作用于这一体系的影响,也包括资源的丰富和消耗程度以及环境的纳污能力,同时社会经济发展的强度和人类消费活动带来的环境压力也被考虑在内。决定环境承载力的因素包括压力评价指标和承压评价指标(见图4.3)。用来测量压力评价指标的可以包括人口指标、经济指标和环境指标,以及相关的承压指标,这些承压指标均涉及环境的承受能力。

---

① 黄建钢.“浙江舟山群岛新区·现代海上丝绸之路”研究[M].北京:海洋出版社,2014.

海洋生态环境系统
├─ 压力评价指标
│   ├─ 人口指标：人口总数、人口密度（人/km²）、人口自然增长率（%）
│   ├─ 社会指标：人均收入、人均用海面积（m²）、人均居住面积（m²）、失业率（%）、恩格尔系数
│   ├─ 经济指标：GDP、工农业生产总值、海洋产业产值增长率（%）、海洋资源利用率（%）
│   └─ 环境指标：万元产值排污量、海水入侵面积比例（%）、赤潮发生频率
└─ 承压评价指标
    ├─ 生态弹性指标：海洋生物资源的多样性指数、珍稀物种所占比例（%）
    ├─ 资源承载指标：人均海洋资源占有量、海洋生物丰度、海洋资源丰度、海洋矿产资源丰度、海洋资源的潜在价值量
    └─ 环境承载指标：海水中 COD、DIN 及磷酸盐浓度值与浓度限值、海洋环境功能区达标率（%）、工业污染源达标排放率（%）、污水综合利用率（%）、海洋环保投资（%）

图 4.3 海洋生态环境承载力评价指标体系[①]

举例来说,在水环境的生态承载力评价指标状况的评估方面,会涉及人口经济和生态的指标(见表 4.1)。对一个地区水资源的承载能力的考察要涉及人均 GDP、饮用水水质、人均水资源量、人均耕地面积等与人口相关的指标,也要包括单位粮食产量、单位 GDP 排污量、第三产业比重、城镇化率等经济指标。在生态环境质量方面,它包括河道断流长度、湿地面积比、地下水开采系数、河流水质级别、土壤侵蚀模数、森林植被覆盖率等指标[②]。

在关于舟山生态环境的分析中,我们可以参照这些基本的指标来进行描述。要全面地考察舟山新区的生态承载力,就要考察舟山群岛新区的海域面积、海岛数量以及深水岸线资源、海洋渔业资源、海洋盐业资源、海底矿产资源、石油资源等。这些考察涉及生物学、生态学、海洋学、区域空间规划和城市地理等各方面的内容。从社会管理和区域发展的公共政策的视角看,人口经济和环境因素是最为直接的要素。讨论这一区域的环境承载力就必须对这些要素进行考察。

---

①② 苗丽娟,王玉广,张永华,等.海洋生态环境承载力评价指标体系研究[J].海洋环境科学,2006,35(3):75-77.

表 4.1 区域水生态承载力评价指标体系[①]

指标属性		核心指标
经济社会	压力	人口自然增长率[1,10];GDP 增长率[10]
	状态	人均 GDP[1,2,3,10];人口数量、密度[10]
	响应	单位污水处理投资[10];水污染治理投资占 GDP 比例[1,2,3,10]
水资源	压力	用水量[1,2,4,10];水资源开发利用率[3,10]
	状态	水资源量[10];人均水资源量[3,10]
	响应	工业用水重复利用率[1,2,3,4]
水环境	压力	主要水污染物(COD)排放量[1,2,3,10]
	状态	水环境质量[1,2,3,10];水功能区达标率[1,2,3]
	响应	城镇污水集中处理率[1,2,3,4,10]
水生态	压力	水产养殖面积[9]
	状态	生态用水保护[9];水体富营养化指数(湖库)[7,10]
	响应	受保护地占国土面积比[1,2,3]

注:指标上标数字含义:1—生态市建设指标;2—生态县建设指标;3—宜居城市科学评价指标与标准;4—国家环境保护模范城市考核指标;5—出自《全国农村环境污染防治规划纲要(2007—2020 年)》;6—节水型城市考核指标与标准;7—出自《中国水资源公报》中"湖泊、水库富营养化评分与分类方法";8—生态省建设指标;9—新增水生态指标;10—文献统计结果。

从人口压力来说,舟山第六次人口普查报告的数据显示,新区 2010 年的常住人口约为 112.13 万人,比 2000 年第五次全国人口普查时的 100.15 万人增长 11.95%,年平均增长率为 1.14%,从市外、省内流入共计 3.16 万人,年平均增长率为 2.81%。[②] 然而,我们也要清楚地认识到,舟山地区海域面积很大但可以居住的土地面积则很小,人口的迅速增长将会对该地区资源和生态环境的承受能力提出新的挑战。早在 2011 年,舟山新区常住人口就达到约 114 万人,其中外来人口已超过 20%,人口密度约为 790 人/平方公里,远高于浙江省平均人口密度(见表 4.2)。[③]

① 刘子刚,蔡飞.区域水生态承载力评价指标体系研究[J].环境污染与防治,2012,34(9):73-77.

②③ 舟山市统计局,国家统计局舟山调查队.2012 舟山统计年鉴[EB/OL].http://www.zstj.net/tjnjData/? Year=2012.

表 4.2　舟山市各区县管辖区域数据(2010 年)①②

	总面积 (平方公里)	陆域面积 (平方公里)	海域面积 (平方公里)	岛屿数	常住人口 (万)
舟山群岛	22238	1440	20798	1390	112.13
定海区	1444	569	875	127	46.42
普陀区	6728	459	6269	454	37.88
岱山县	5242	327	4915	404	20.22
嵊泗县	8824	86	8738	404	7.61

　　除了土地资源受限,对人口增长的制约还来自于环境的其他制约因素,包括水电和环境污染等因素。例如,如何治理生活污染,提供处理污染的基本设施,就成为控制本岛污染的重要问题。同时,如果外来人口迁入超过原本的环境承载力,地区内供水供电及蔬菜供应等方面都会面临压力。尽管利用技术手段可以实现通过海水淡化来进行供水,但由于成本较高,未必能满足人们的日常生活需要。由此,在舟山地区的发展中,要综合考虑该地区岛屿众多且分布广泛的特点,根据功能区的分布来设立人口规划和地区发展规划。按照现有的发展规划,到 2020 年该区域的人口规模将达到 150 万左右。根据目前的测算(《浙江舟山群岛新区空间发展战略规划》),基于可建设土地资源进行限制,这一区域的人口容量可设立为 153 万。这些人口大多集中在城镇,预计到 2020 年新区常住人口的城市化比例将达到 75％,2030 年为 85％。

　　当然,由于新区可供进一步发展的土地资源有限,在开拓土地资源过程中就不可避免地要面临着生态环境形成的强有力的压力。特别是,舟山在淡水、人才、技术和金融服务等方面基础薄弱且直接经济腹地狭小的现状,也使其发展必须借助外力,比如,需要依赖宁波地区的水电、交通、通信等基础设施。因此,尽管目前宁波—舟山港已经成为全球吞吐量方面的大港,但要进一步发展就必须进行海陆统筹,促进两地合作,

---

　　①　中国城市规划设计研究院.浙江舟山群岛新区空间发展战略规划(专题研究)[R].北京:中国城市规划设计研究院,2011.
　　②　表 4.2 中的常住人口数据来自舟山市 2010 年第六次全国人口普查报告。

使两地能够相辅相成，为舟山自贸区的发展提供机遇和条件①。

考虑到资源的限制，在舟山新区的开发中，要形成其具有特色的发展战略。按照新加坡和中国香港发展国际贸易港的经验，要达到与此相应的港口规模，仅舟山本岛的人口就应该达到500万以上。但事实上，舟山现有的土地难以承载这一发展的需要，因而需要采取新的方式来应对。在国际上，针对土地资源稀缺方面的问题，各国会采取不同的做法。例如，日本因其高密度的人口而采取了小型化的居住方式。新加坡的土地面积与舟山差不多，在土地政策上其对人均居住面积进行了规定，对超过面积规定的收取一定的费用。这使新加坡只有20%～30%的人有自己的房子，其余都是租住政府的房子。至于中国台湾地区的土地资源利用，经验上则主要体现为生态与发展的合理平衡。这些经验对于舟山的发展来说都有一定的参考价值。考虑到舟山土地资源也较少，可以参照日本的经验，发展小户型、小排量的小型经营模式②，学习新加坡在土地资源管理方面的政策。舟山同台湾类似，山多地少，因此在打破土地资源限制问题上也可以学习台湾向"高山"和"高层"要地的模式，处理好其与生态的关系问题③。

当然，舟山的发展也具有其独特的优势。舟山的生态承载力以及可供直接开发利用的土地资源相对有限，但它也具有长三角稀缺的生态景观资源和深水资源。例如，舟山群岛海岛数量众多，这些海岛之间既有资源、优势、区位等方面的共性，也有其各自的特点。从海岛的生态环境承载力和环境容量来看，舟山新区海岛分布零散且岛土面积有限，因而其开发、利用和发展与大陆临港产业的模式会有一定的不同。而且，舟山各岛屿之间差异很大，面积最大的舟山本岛与面积最小的无人岛的规模存在天壤之别，近岸的诸岛与远离陆域的东极诸岛也有较大差异性。这就要求舟山区域要扬长避短，充分发挥海岛资源的优势来发展海洋经济相关的产业，并在与陆地相连的海岸发展临港产业。同时，在开发利用海港资源的设计中，对于离业岸较远的海岛可以开发非劳动密集型的

①　丁忠.舟山群岛新区海洋农业发展路径研究[D].成都：四川农业大学，2013.
②③　黄建钢."浙江舟山群岛新区·现代海上丝绸之路"研究[M].北京：海洋出版社，2014.

产业,如海岛旅游业、海运中转和渔业。而在离大陆较近的地区,可以发展临港工业储运以及船舶修造业、海洋石油业和港航物流运输业。

在经济发展过程中,来自环境的制约性也影响着地区发展的经济规模和产业结构。近年来舟山海洋经济的飞速发展带动了整个地区 GDP 的增长。据统计,2013 年舟山全年海洋经济总产出 2195 亿元,海洋经济增加值 644 亿元,占全市 GDP 的比重为 69.1%[①]。从产业结构来说,在舟山生产总值 930.85 亿元中,第一产业增加值 95.73 亿元,第二产业增加值 411.55 亿元,第三产业增加值 423.57 亿元[②]。这种第三产业占高比重的经济结构对于保护环境的可持续发展有积极的作用。目前,舟山市政府为舟山新区的发展确立了远景规划,并在人均 GDP 和各项生活指标方面确立了目标。这些目标的设立既考虑到发展的远景,也顾及了资源的限制(见表 4.3)。

表 4.3　舟山群岛新区发展目标指标体系一览[③]

	指标	单位	2020 年	2030 年	属性
经济发展	新区海洋生产总值	亿元	2500	—	预期性
	新区人均 GDP	万元	20	—	预期性
	新区港口货物吞吐量	亿吨	6	—	预期性
	新区可再生能源使用率	%	10	20 以上	预期性
社会民生	新区常住人口	万人	150	180	预期性
	新区城镇化水平	%	75	85	预期性
	新区岛际应急交通覆盖率	%	100	100	约束性
	新区有居民海岛的岛际公共交通覆盖率	%	100	100	约束性
	城市公交占机动化出行比例	%	50	60	约束性
	新区社会保障覆盖率	%	90	100	约束性
	新区城镇登记失业率	%	3.5 以内	3 以内	预期性

①② 舟山市统计局,国家统计局舟山调查队. 舟山市 2013 年国民经济和社会发展统计公报[N]. 舟山日报,2014-03-22.
③ 中国舟山政府门户网站. 舟山群岛新区总体规划[EB/OL]. http://www.zscj.gov.cn/zg_index.html,2015-07-17.

续表

	指标	单位	2020 年	2030 年	属性
社会民生	城市公共住房占本市住宅总量比例	％	10 以上	20 以上	约束性
	城市无障碍设施率	％	100	100	约束性
	新区高等教育毛入学率	％	70	80	预期性
	城市步行 500m 范围内有文体设施	％	100	100	约束性
	城市人均公园绿地	平方米/人	11	12	约束性
	城市市政管网普及率	％	90	100	约束性
生态环境	新区海域保护及保留区占海域总面积的比例	％	不低于 20		预期性
	新区严格保护的岛屿比例	％	不低于 70		约束性
	新区人均生活耗水量	升/人·日	140	120	预期性
	新区单位工业增加值水耗	立方米/万元	13	10	约束性
	新区中水回用率	％	30	40	约束性
	新区污水处理率	％	95	100	约束性
	新区地表水质功能区达标率	％	90	100	约束性
	新区饮用水源地水质达标率	％	100	100	约束性
	新区近岸海域水质功能区达标率	％	不低于 35	不低于 60	预期性
	新区垃圾无害化处理率	％	100	100	约束性
	新区主要污染物排放量	吨/万元	符合国家、省要求		约束性
	新区单位生产总值 CO_2 排放量	吨/GDP万元	符合国家、省要求		约束性
	新区环境空气质量	—	达到大气环境质量二级标准以上要求，其中良好天数达 98％以上		预期性
	新区永久性基本农田	万亩	10		约束性
	新区森林覆盖率	％	55	60	约束性

注：主要污染物排放包括化学需氧量、二氧化硫、氨氮和氮氧化物。

从总体现状上来看,舟山地区陆地资源和海洋资源的人均占有量目前还处于较低的水平。通过近年来的经济发展,舟山正在逐渐地形成包括化工石油和制造产业在内的产业体系,虽然这些是地方经济发展的重大突破,但这些产业的发展也会对当地的生态环境带来压力①。一些化工企业、造船企业和装备制造企业会因建设规划和管理不善造成海洋污染,且这些劳动密集型产业的发展也会造成大量的生活污染。因此,在产业发展的过程中,我们要充分考虑到产业布局对环境带来的可能影响,淘汰落后的高污染低产出的海洋产业,代之以绿色海洋产业,从污染源控制上给舟山海洋生态承载力以支持,注意避免在随后开发海洋的过程中造成对生态的破坏。

同时,我们在舟山地区的发展规划中也要考虑人口资源环境因素的影响,避免追求大而全的发展模式和高速的增长模式。要针对舟山海岛建设的任务来设立发展规划,适当控制人口数量,减少工业废水、生活垃圾、农畜业废料以及渔业养殖产生的废弃物的大量排放,以提高污水和固体废物的处理能力等措施来增强该地区的海洋生态支持能力。同时,对传统海洋产业的污染排放问题也应加大整治力度。提高海洋企业的污水处理系统和船舶废弃物处理系统,减少排污总量,并加大政府污染控制方面的工作。在海岛开发方面,我国至今缺少对海岛项目的建设经验,因而舟山地区的发展要充分借鉴国外经验,积极探索创新,从而形成可持续的海岛发展模式。

第四节　围垦与资源开发

对于海岛经济的发展而言,最为稀缺的资源就是土地。解决土地资源稀缺的基本途径是围垦。一般说来,滩涂围垦会给原有的生态系统平

---

① 付翠莲.关于舟山海洋经济可持续发展的前瞻性思考[J].海洋开发与管理,2009,26(5):123-126.

衡带来破坏,特别是由于滩涂湿地承担着重要的生态系统服务功能,包括大气调节、水文调节、防灾减灾、污染物净化以及提供生物栖息地等功能,因而对其破坏会造成湿地损失和生态系统退化等问题[1][2]。另外,填海造陆也会因人类改造海洋地貌形态给海洋生态带来难以逆转的破坏[3]。大量滩涂围垦工程会间接带来滩涂上植被的改变,严重破坏鸟类、鱼类和底栖生物的生存繁衍环境,从而使海洋生物多样性受到严重破坏[4]。值得注意的是,缺乏科学性的拦河筑坝、建港修堤等围填海工程都会改变海岛正常的水动力环境和其他水文条件,进而影响海岛的地形、岸滩、植被及其周围海域的生态环境,造成沙滩消失、海岸后退、海水入侵、沿岸土地盐碱化等后果,使境内生物种类减少,生态系统结构单一。此外,滩涂围垦工程施工产生的粉尘、污水等也会威胁到鱼类的生存环境。

对于海洋生态保护而言,土地围垦问题是讨论发展与保护这对矛盾的关键问题。土地围垦是沿海地区经济发展必不可少的要求,同时,土地围垦也对海洋生态环境的保护提出了挑战。然而,对于海洋生态环境的保护,不能只是停留在被动消极的技术性保护上,而应当使其真正融入到海洋资源开发和经济发展的大目标、大方向中,达到双赢的目的。因此,尽管填海造陆和滩涂围垦等存在着许多对生态改变上的副作用,我们仍然不能以环境保护为理由来完全限制围海造田的行为。在此,我们可以借鉴境外经验来进行讨论。从迪拜、中国香港、阿姆斯特丹等国际自由港发展的成功经验看到,通过围填海来发展自身的经济是大多数港区发展的必由之路。这就要求我们打破传统的"经济发展—海洋生态环境"的零和博弈论述,从更为积极的方面来理解如何开展海洋生态环境的保护工作。

在舟山地区,滩涂围垦是政府拓展经济发展空间的有效手段。舟山

① 李占玲,陈星飞,李占杰,等.滩涂湿地围垦前后服务功能的效益分析——以上虞世纪丘滩涂为例[J].海洋科学,2004,28(8):76-80.
② 董哲仁.荷兰围垦区生态重建的启示[J].中国水利,2003(11):45-47.
③ 郭臣.胶州湾围填海造陆生态补偿机制研究[D].青岛:中国海洋大学,2012.
④ 慎佳泓,胡仁勇,李铭红,等.杭州湾和乐清湾滩涂围垦对湿地植物多样性的影响[J].浙江大学学报(理学版),2006,33(3):324-332.

新区由于海岛本身陆地面积狭小，极其缺乏土地资源，因而向海洋扩张是经济发展的必然要求。随着居住人口的膨胀和经济的发展，土地需求不断增加，土地开发与生态保护的矛盾也日益突出。为了发展的需要，在舟山新区进行围海造地成了不可避免的选择。1950—2010年，舟山地区共形成50多万亩的围垦面积（见表4.4），特别是在钓梁、六横小郭巨、金塘北部、岱山仇家门等地发展了一些规模较大的围垦工程，用以缓解该市用地稀缺的矛盾。不过，围垦如果缺乏科学的规划和善后措施，也会造成生态灾难。就舟山钓梁围垦工程来讲，有大面积海堤因在修建工程中填盖海区而损失了这部分海域下几乎全部的底栖生物，产生了大量高浓度悬浮物，给其临近海域的海洋生物也带来了灭顶之灾。据估算，仅仅舟山钓梁围垦工程建设共造成围垦区域损失的鱼卵约 1.14×10^7 个，仔鱼 2.28×10^7 尾[1]。

表 4.4　舟山 1950—2010 年围成滩涂面积总量统计（万亩）[2]

县（市、区）	1950—2004 年	2005—2010 年	1950—2010 年
舟山市	20.32	5.24	25.56
定海区	6.11	1.59	7.70
普陀区	6.43	2.7	9.13
岱山县	6.86	0.90	7.76
嵊泗县	0.92	0.05	0.97

通过对围垦与资源开发这一议题的讨论，我们可以看到舟山市在开发与保护中要强化科学性，注重分析围垦工程对地方环境所造成的后果。在舟山市，我们在有关海洋战略发展的调研中发现，人们在对围海造地的必要性的看法上是相同的，即围垦有益于经济发展和当地居民生活水平的提高。在经济效益方面的评价上，舟山当地民众对于过去 20 年的围垦行为是持肯定态度的，而且认为其在海洋生态环境方面并未产

① 黄小燕，陈茂青，陈奕. 滩涂围垦冲淤变化及对生态环境的影响——以舟山钓梁围垦工程为例[J]. 水利水电技术，2013, 44(10): 30-33.

② 中国城市规划设计研究院. 浙江舟山群岛新区空间发展战略规划（专题研究）[R]. 北京：中国城市规划设计研究院，2011.

生十分消极的影响。但在兼顾经济效益和环境影响效果的评价上，当地民众和环保技术检测部门大多强调围垦对环境所造成的负面影响。与此相对照，地方政府官员在相关问题的回答中则强调围垦对于经济发展的积极效应。这些差异说明人们在围垦对生态环境的影响方面还缺乏统一的看法，尽管其社会经济效应十分明显。要解决这一矛盾，关键问题在于提升围海造地规划的科学性。只有科学合理地展开围海造地活动，强调生态保护的原则，才能在相关问题上减少争议，取得共识，推进发展。

要提升区域发展的科学性，就要科学地制定舟山发展的规划，实现有序开发，并将生态规划作为必不可少的规划内容。为此，在充分肯定围海造地对改善舟山新区土地资源短缺问题和拓展发展空间产生的积极作用的基础上，要遵循科学性原则合理编制舟山新区滩涂围垦规划，根据资源现状和年度需求合理确定年度围填海面积，对于滩涂围垦项目逐个进行生态环境影响评估，并确定其对海洋生态的具体影响程度。这些规划和计划是建立在科学论证基础上的，因而对于地方围垦项目的实施具有指导性。与此同时，新区在开发利用海洋资源进行发展建设时应当尊重并遵守国家的相关规定，严格执行海域使用论证制度，合理控制围填海面积，充分评估围填海工程对海湾、河口、海岛和浅滩等海洋生态体系产生的影响。特别是在规划使用围垦形成的陆地区域时，要加强围填海计划执行情况的评估和考核，适当控制城镇开发的土地占用比例。此外，由于滩涂围垦对海洋生态环境的改变是永久的，因此要严格执行各级政府设立的围填海生态红线，严格执行国家功能区规划及严格控制围填海的面积和范围，依循可持续发展理念开发无人海岛，严禁掠夺破坏型的开发，同时还要严格执行滩涂围垦的海洋生态环境影响评估政策。

最后，在进行围垦后，要注意根据海洋生态补偿原则，对执行滩涂围垦项目的机构提出要求，进行海洋生态补偿。这些补偿可以包括两个方面，一是生态的补偿，二是利益的补偿。回顾在此问题上的国际经验，我们注意到国际著名的荷兰鹿特丹港在 2005 年扩建过程中丧失了周边

20平方公里的自然海域。为此,有关单位采取了生态补偿措施,在生态修复方面设立海床保护区且在邻近滩涂修复沙滩以补偿填海区域植被的破坏(同时也以货币的方式补偿周边居民的财产损失)[①]。荷兰等国在补偿规划的设计方面体现出了科学合理性。在借鉴这些国际经验的基础上,我们也要充分考虑开展生态补偿和生态修复工程,通过各种补偿手段去缓解围垦造成的滩涂内生物栖息地不断减少问题以及污染物排放造成海岸污染等问题,从而缓解海洋生物多样性的减损给海洋生态系统带来的负面影响。可见,生态补偿和生态修复等内容应该在每一个围垦项目的具体规划中都有所涉及。

按照对海洋开发进行生态补偿的要求,在填海造地后要尽可能恢复海洋原有的生态服务功能,建立自然保护区和农业区域以保证这些地区生态恢复能够拥有足够的空间,实现海洋可持续发展。进行海洋生态补偿,首先要测定并估算直接性的海水污染、海产品资源减损、水体富营养化以及间接性的空气净化、气候调节、科研娱乐等方面的利益损失,在估算的基础上规划生态补偿的具体方案[②]。生态补偿的方式可以是也应该是多样化的,在海洋生态修复项目中,可通过人工鱼礁、增殖放流和修复湿地等方式进行补偿。而经济利益的补偿则包括因围海造陆等开发活动给海洋带来的资源减损和环境污染、居民乔迁的经济损失以及发展机会成本,等等。补偿的形式可以是货币或者实物补偿。海涂围垦要按照国家和地方政府关于海涂围垦的相关法令法规来进行开发和补偿。围垦项目的利益受损方是多样的,开发活动的受损方也有权获得作为补偿对象的机会。政府通过向相关责任人(企业、单位和个人)收取补偿费、征收补偿税,以作为对其他经济利益受损者的补偿。而海域开发单位或个人应按照法律标准缴纳有偿使用的海域使用金,用以保护和治理管理相关海域的生态环境[③]。这些补偿活动势必会提高填海造地的成本,但这也有助于遏制盲目的受经济利益驱动的大规模填海活动。

---

①② 俞虹旭,余兴光,陈克亮.海洋生态补偿研究进展及实践[J].环境科学与技术,2013,36(5):100-104.

③ 郭臣.胶州湾围填海造陆生态补偿机制研究[D].青岛:中国海洋大学,2012.

　　总之，舟山经济发展与环境的可持续发展要受到各种因素的制约，有自然的因素、经济的因素，也有人为的因素。这些因素之间的矛盾反映了资源环境的刚性约束与区域经济发展的需要之间的矛盾，当地居民的生活需求与区域发展的长远需求之间的矛盾，国家政策法规的实行与区域利益之间的矛盾，以及生活方式的转化与科技水平的提升之间的矛盾等。在发展区域经济和保护海洋生态方面，我们要面对现实性挑战，寻找政策手段来应对这些问题。例如，在滩涂围垦领域，我们一方面要切忌仅关注滩涂围垦的经济效益而忽视其生态功能，另一方面也要着眼于发展来考虑问题。处理这些矛盾的关键点是强调科学规划，因为只有在科学性的前提下拓展海洋经济和相关的产业，才能够带来经济和生态的共赢效益。为此，我们要遵循经济效益、社会效益与生态效益相统一的原则，在通过围海造地拓展群岛发展空间时，尽可能减少其对海洋生物多样性的破坏。

第五章
舟山新区海洋生态问题研究

    对舟山新区海洋生态保护问题的讨论可以从海洋污染和生物多样性两个方面来展开。海洋污染又可以根据源头分为陆源污染和海上污染，这里也可以对陆源污染和港口污染进行分别论述。舟山海域位于长江、钱塘江、甬江的入海交汇处，因此江河入海的大陆污染源会对舟山海域生态环境造成直接压力。相关资料表明，在杭州湾海域，有70％的污染物来自于河水污染。另一方面，各类突发的海上溢油事件更是加剧了海洋生物面临的繁衍和生存威胁。此外，许多对舟山海域各类资源进行不合理开采和利用及口岸开发项目的实施，不仅给海水带来了污染，也给海洋生物的多样性带来了挑战。因此，要保护海洋生态环境，我们必须清晰地认识这些污染来源对于生态环境的威胁，并通过人类的科学活动和改造项目来提升海洋环境的自净能力[①]。在本章中，我们将针对这些污染来源及其状况进行分别讨论。

---

    ① 舟山市统计局. 舟山海洋经济发展调查报告［EB/OL］. http：//xxgk. zhoushan. gov. cn/xxgk/auto310/auto337/201303/t20130301_386160. shtml，2011-09-30.

第一节　陆源污染

陆源污染是海洋污染的基本形式之一①,根据《中国海洋发展指数报(2014)》,陆源污染是目前中国海洋污染的主因。《中华人民共和国防治陆源污染物污染损害海洋环境管理条例》第2条规定:"本条例所称陆地污染源(简称陆源),是指从陆地向海域排放污染物,造成或者可能造成海洋环境污染损害的场所、设施等。"②由此可见,陆源污染物是指由陆地上排放的废弃垃圾造成的污染,主要是指沿岸地区生活、工业生产污水或入海径流所携带的其他各类污染物。一般来说,工业废水、城镇生活污水、农药和化肥等农业生产污染物主要是通过直排(沿海工业企业废水和污水处理厂尾水直排)或通过地表径流入海③。在这过程中,内陆河流在流经地区接纳了大量的废弃物,在河流注入大海时,将所携带的污染物一并注入海洋。这些直接或间接地进入海洋的废弃物会对海洋生态系统的平衡带来破坏,从而造成沿岸湿地及滩涂资源的退化以及近海渔业资源的匮竭,这些生态损失从长远角度看甚至还会波及港口城市的可持续发展。因而,切断陆地这一主要的海洋污染源,促进海洋产业和海洋生态环境的可持续发展以落实海洋强国战略,成了我国政府重要的工作任务之一④。

在浙江省,杭州湾地区作为我国受到陆源污染影响最大和最严重的近岸地区,接纳了全国近三分之一的入海污染负荷,因省内七大水系(钱塘江、甬江等)和长江流域会携带内陆营养盐超标的污水入海,加上受局部沿海地区工业废弃物和城镇生活污水不合理排放的影响,这一海域的水生生态环境正在严重恶化。目前,长江、钱塘江、甬江这三大河流所带来的陆源污染物占了舟山污染贡献率的近一半,直接导致舟山海域内水

---

①　车鸣.哲学视角下陆源污染问题研究[J].法制与社会,2011(17):254-255.
②　文丽琼.防治海洋环境陆源污染法律制度研究[D].哈尔滨:东北林业大学,2011.
③④　梁芳.公众参与防治陆源污染的法律制度研究[D].青岛:中国海洋大学,2008.

质以劣四类水质和四类水质为主。据统计,2013 年舟山近岸海域劣于第四类海水水质标准的海域面积为 11017 平方公里,占舟山市近岸海域面积的 53.0%;四类海水水质质海域面积为 4602 平方公里,占 22.1%[①]。

　　这一海域内的海水富营养化以及赤潮现象频发[②]。近些年来,赤潮灾害给舟山的经济发展带来了多方面的经济损失,包括水产养殖业和旅游业的经济损失、健康经济损失以及相关的监测和管理费用支出等。不合理的和过度的海洋开发在很大程度上会加剧赤潮灾害的严重性,同时还会对其海洋生态承载力带来损害[③]。因而,必须控制和减少陆源污染的排放量,改善海域内的海水质量,进而降低水体富营养化的可能性,减少地区因赤潮灾害而面临的经济损失。事实上,在浙江近岸海域,有80%的污染物质来自陆源径流,这些污染物种类繁多,来源广泛。但是,由于存在污染源责任不明的问题,企业和政府部门之间出现了诸如"搭便车"和"公地悲剧"等现象。虽然目前舟山海域内各大海水浴场的健康指数状态仍然良好,但随着海洋经济和海洋旅游业的不断扩大发展,陆源污染给舟山海域海水浴场带来的环境压力也会日益增长,且在未来,全国工业重心会逐渐西迁,这意味着内陆入海污染排放量只会有增无减。因此,对陆源污染源的控制与治理不容忽视(见表 5.1)。

表 5.1　舟山近岸海域海洋生态环境[④]

| 海区 | 年份 | 测站数 | 频次 | 水质状况 | | | | |
				一类海水比例(%)	二类海水比例(%)	三类海水比例(%)	四类海水比例(%)	劣四类海水比例(%)
定海海区	2007	4	3					100.0
	2008	4	3				16.7	83.3
	2009	4	3					100.00
	2010	4	3					100.00
	2011	4	2					100.00
	2012	4	2					100.00
	2013	4	2					100.00

---

　　① 舟山市海洋与渔业局(海洋行政执法局).2013 年舟山市海洋环境公报[EB/OL]. http://www.zsoaf.gov.cn/news/621db43a-72e9-4278-8529-01669c347aaf.html? type=00066,2015-04-16.
　　② 印卫东.长江水污染的现状及防治的法律对策[J].水利发展研究,2003(3):36-39.
　　③ 温艳萍,崔茂中.浙江海域赤潮灾害的经济损失评估[J].社会科学学科研究,2011(12):139-140.
　　④ 舟山市统计局,国家统计局舟山调查队.2014 舟山统计年鉴[EB/OL]. http://www.zstj.net/tjnjData/? Year=2014.

续表

海区	年份	测站数	频次	水质状况				
				一类海水比例（%）	二类海水比例（%）	三类海水比例（%）	四类海水比例（%）	劣四类海水比例（%）
普陀海区	2007	7	3	16.7	16.7	16.7	16.7	33.3
	2008	7	3	50.0	16.7	16.7	8.33	8.3
	2009	7	3	50.0		16.7	33.3	
	2010	7	3	33.3	16.7	16.7	33.3	
	2011	7	2	49.1		12.7	19.1	19.1
	2012	7	2	36.4	25.5		12.7	25.4
	2013	7	2	23.7	25.5			25.4
岱山海区	1995	4	3				25.0	75.0
	2000	5	2		40.0			60.0
	2003	7	3		14.3	14.3	14.3	57.1
	2004	8	3		25.0	12.5	12.5	50.0
	2005	8	3		12.5	12.5	12.5	62.5
	2006	5	3		20.0		20.0	60.0
	2007	5	3			20.0	20.0	60.0
	2008	5	3		20.0	20.0	20.0	40.0
	2009	5	3		20.0			80.0
	2010	5	3				20.0	80.0
	2011	5	2		20.0			80.0
	2012	5	2	20.0				80.0
	2013	5	2	20.0				80.0
嵊泗海区	1995	6	3		33.3	16.7		50.0
	2000	5	2		20.0	20.0		60.0
	2003	7	3		14.3			85.7
	2004	4	3		25.0	25.0	25.0	25.0
	2005	4	3		25.0		25.0	50.0
	2006	5	3		20.0		20.0	60.0
	2007	5	3		20.0		20.0	60.0
	2008	5	3		20.0		40.1	40.0
	2009	5	3		20.0	20.0		60.0
	2010	5	3			20.0	20.0	60.0
	2011	6	2		41.7		14.6	43.7
	2012	6	2	27.1	14.6	14.6		43.7
	2013	6	2	27.1		14.6		58.3
舟山近岸海域合计	1995	17	3		6.7	13.3	20.0	60.0
	2000	18	2		16.7	5.6	11.1	66.7
	2003	23	3		8.7	4.4	17.4	69.5
	2004	20	3		25.0	15.0	25.0	35.0
	2005	20	3	5.0	15.0	5.0	20.0	55.0
	2006	20	3		27.8		19.4	52.8
	2007	21	3	5.3	10.5	10.5	15.8	57.9
	2008	21	3	15.8	15.8	10.5	21.1	36.8
	2009	21	3	15.8	10.5	10.5	10.5	52.7
	2010	21	3		10.5	10.5	15.8	63.2
	2011	23	2	17.0	17.0	4.4	11.0	50.6
	2012	23	2	25.2	13.2	4.4	4.4	52.8
	2013	23	2	20.8	8.8	4.4	8.8	57.2

注：舟山近岸海域水质类别比例 2005 年以前年份按测点统计，2006 年以后年份按面积统计。

从陆源污染的主要源头看,来自长江流域的陆源污染物对舟山海域造成的海洋生态破坏相对较大。由于化工产业占据了长江流域的大部分岸线,各类化工园区的聚集效应还吸引了大量储罐和港口码头项目在岸线扎根。据统计,我国长江沿岸分布着五大钢铁基地、七大炼油厂以及40余万家化工企业和几个重要的石化产业基地[①]。这些沿岸产业都是会对环境造成严重污染的行业。因此,长江沿岸城市的污水排放量位居全国第一。与此同时,长江还担负着繁重的东西内河运输任务,内河运输对流域内带来的环境污染也不容忽视。在长江干流,船只运输可达11万余艘,但大多数船只并没有安装油水分离装置和生活污水处理装置,内河航运体系中船只污染排放标准的缺失使得不少港区内船舶排放的污染问题越发严重,每年有数百万吨含油污水和近亿吨生活污水垃圾汇入长江,成为长江流域不容忽视的污染源。当前长江已形成近600公里的岸边污染带,其中包括300余种有毒污染物[②],这些污染都会经由长江流入舟山海域,从而给其近远海域的生态环境带来严重危害(见表5.2)。

表 5.2　2012 年部分河流携带入海的污染物量(吨)[③]

河流名称	化学需氧量	氨氮	硝酸盐氮	亚硝酸盐氮	总磷	石油类	重金属	砷
长江	7769810	153710	1504277	9234	150734	56331	36245	2516
钱塘江	846667	22155	49128	2835	12099	1733	430	36
甬江	154000	5628	12177	815	2393	337	77	7.6

从陆源污染的类别来看,对舟山海域生态环境影响较大的三大江流携带的污染物主要分为生活污水垃圾、农业生产污染物和工业污染物。在舟山的农村地区,群众居住多分散,但是农村改水改厕等村庄整治工作却相对滞后,对于村民的生活污水处理也不足,这导致农村河道"水浑、水脏"的问题依然存在,河道水质也因此受到较大影响。近年来,随

---

①　朱旭东,赖臻,吉哲鹏.污染加剧"黄金水源"岌岌可危[EB/OL]. http://business. sohu. com/20111109/n324971420. shtml,2011-11-09.
②　印卫东.长江水污染的现状及防治的法律对策[J].水利发展研究,2003(3):36-39.
③　国家海洋网站.2012 年中国海洋环境质量公报[EB/OL]. http://www. coi. gov. cn/gongbao/huaijing/,2013-04-01.

着舟山经济的发展,劳动力需求增加,外来人口的不断涌入和人口的大规模聚集使得城镇地区的生活污染物也大幅度增加,加之地区生活污染物净化处理体系的不完善,城镇居民生活污染自然也成为威胁海洋环境的一大类别①。

同时,农渔业的生产污染也不可忽视。在农业种植活动中,一些残余的化肥养料经地表径流汇入河流和海洋,加剧了近海海域水体富营养化程度。目前,舟山新区对于污水处理设施建设方面存在城乡差异。尽管舟山新区在四个主城区、工业区和一些乡镇已经建立了污水处理厂(中心),但绝大部分渔村还未建立污水处理中心,村中的生活污水与人畜粪便污染物直排海现象非常严重,这加剧了对近岸海域水质的污染。此外,实际用水总量与污水处理总量之间还存在较大差距。一方面,舟山市污水收集系统改造难度大,大多老城区内污水排水系统配套不完善且重建工程量大。另一方面,舟山的污水收集率不高,未能从源头上控制污水的达标排放,因而河道水质也未能从根本上得到改善。可见,在控制居民生活和农业生产带来的陆源污染方面,舟山地方政府面临着很大的压力。

除了居民生活和农业生产污染,工业生产带来的污染也是基本的来源。舟山地区在推动经济高速发展的同时,也给其近海海域带来了大量的工业废水、废气、废物等。一些企业为最大限度降低成本、提高投资回报率而忽略了对海洋环境的保护,大量的工业废水弃料未经净化处理就肆意排放进主要的河流和海域。一些具有污染的重工产业转移并聚集到沿海地区也加重了沿海海域的生态环境恶化问题。据统计,舟山年排放污水总量从1990年的3089万吨上升到2014年的7263万吨(其中工业废水排放量为2891万吨)②。这些工业生产污染物如果未经合理渠道进行减污处理就排放到附近海域,就会给海洋环境带来严重威胁(见表5.3)。③

① 戈华清,蓝楠.我国海洋陆源污染的产生原因与防治模式[J].中国软科学,2014(2):22-31.

② 王菲.2014浙江环境状况公报发布　舟山空气质量再夺冠[EB/OL].http://zj.people.com.cn/n/2015/0619/c186957-25299395.html,2015-06-19.

③ 舟山市海洋与渔业局.2005年舟山市海洋环境公报[EB/OL].http://www.zsoaf.gov.cn/news/d62c9308-5863-4a0a-8a05-0e257dd0d87a.html?type=00066,2011-12-06.

表 5.3　废水排放和处理情况及"三废"综合利用①

项目	单位	1990 年	1995 年	2000 年	2005 年	2007 年	2008 年	2009 年	2010 年	2011 年	2012 年	2013 年
废水排放总量	万吨	3089	2110	1760	2777	2738	3395.86	4062.01	3895.71	7151.16	7056.64	7198.4
工业废水排放量	万吨	782	751	891	1800	1687	1848.44	1856.55	1493.28	2125.07	1950.91	2093.76
工业废水中:化学需氧量	吨								4010.64	6331.76	6472.38	6487.4
氨氮	吨	82	276	552	1414	1518	1760.11	1786.67	210.80	223.76	238.27	230.9
工业废水达标量	吨								1443.1			
"三废"综合利用产品产值	万元	210	1311	637	2819	15224	15298.6	14728.5	13566			

① 舟山市统计局，国家统计局舟山调查队. 2014 舟山统计年鉴[EB/OL]. http://www. zstj. net/tjnjData/? Year=2014.

与此同时,临港工业和港口建设也会对近海的污染产生影响。大力发展临港工业,促进临港工业和港口物流发展,进而推动港口城市的发展,曾经是鹿特丹港的成功经验,现也被国内包括舟山新区在内的众多沿海地区所效仿。近年来迅速崛起的舟山临港工业成为舟山海洋经济发展的亮点。船舶修造、大型化工、水产品精深加工业、能源工业以及新型科技产业蓬勃发展,这其中,船舶修造业是舟山的龙头产业,临港化工企业也发展迅猛。然而,舟山的临港工业在迅速发展的进程中也会导致大量工业污水排入海洋,其废弃物,特别是工业污水排放对海洋环境污染造成的影响较大,尤其是船舶修造和化工业的废弃物会给舟山海域的水质带来破坏。尽管目前舟山重工企业不多,但伴随着产业转型和经济发展,将会有越来越多的船舶制造和化工以及各类加工企业聚集到舟山本岛的北部及六横、岱山一带。考虑到海岛生态的承载力,我们要谨慎评估由各类企业进驻新区所可能产生的影响,同时,也要加大对重点行业的环境污染整治力度。

当然,这些产业发展都离不开港口的建设,一般而言,港口的基础设施包含很多方面,例如码头、船闸、岸标、浮标、航道等必需设施和卸装运输所需的水电设施以及道路设施,此外,还包括通信和环保等日益重要的设施①。这些设施在修建和使用中所带来的污染垃圾将会成为舟山地区陆源污染的组成部分,甚至会造成一种永久性的环境破坏。此外,在港口建设中,为满足拓宽、拓深航道的需要,将要进行诸多航道整治工程,其三种作业方式,即礁石爆破、底泥疏浚和废渣抛填,均会对海洋环境造成一定影响,例如,不可避免地带来疏浚过程中的污水污泥;同样地,建设中对海床等自然地理结构的改造也会对海洋生态系统带来破坏性的冲击。当然,港口建设占用大量滩涂、林地等自然生态用地以及大规模围垦填海活动导致的滨海湿地生境破坏,也是近岸海域生态系统功能受损的重要原因。

---

① 陈伦伦.论我国公用港口基础设施投融资体制的构建[J].改革与战略,2008,24(11):38-40.

第二节　海上污染

除了陆源污染的影响,给海洋生态环境带来更为直接威胁的是包括海洋航运、船舶垃圾、海上石油污染、海洋工程建设、海水养殖等在内的海上污染源。具体来说,海上污染主要是船舶和海上开采作业所产生的废弃物和造成的污染物泄漏对海洋环境的污染,也包括远洋运输或近岸物流运输带来的废弃物和燃油排放以及因海上石油和天然气钻井平台搭建及开采过程中出现的污染性物质泄漏、噪音等现象所带来的生态破坏。本节将就海洋污染的这些方面来探讨其对舟山海洋生态环境的负面影响。

在海上污染的这几方面中,海洋航运带来的近海污染是最为常见的问题。舟山新区是由群岛组成的,虽然近几年来国家不断增强舟山群岛的公路大桥建设,但是岛岛交通主要依靠船舶的现状并未真正改变,其也成为舟山海洋污染的原因之一。海洋运输业在作为我国对外贸易运输支柱性力量的同时,也给海洋带来了严重的环境污染,仅运输船舶自身就会向海洋排放大量废弃污染物。船舶主要污染物来自其在运输过程中产生的含油污水、生活污水、船舶垃圾、有毒液体散装化学品等。近年来,有毒性液体散装化学品船运量的上升加剧了海运对海洋生态的威胁。而一般捕捞渔船、养殖渔船的污染排放也会对养殖海域的生态平衡带来破坏。此外,船舶在装卸货物过程中散落的粉尘也会对码头周围的水域水质产生不良影响。

要想了解问题的严重性,我们可以查阅自 2000 年以来的渔业情况。2013 年,舟山海域机动渔船从 2011 年的 9086 艘减少到 8973 艘[①]。不过,随着科学技术的发展,渔船也不断更新升级,渔船总吨位不断上升,2013 年达 110.11 万吨。2011 年浙江沿海进出港油轮 6848 艘次,其中

---

① 舟山市统计局、国家统计局舟山调查队.舟山市 2011 年国民经济和社会发展统计公报[EB/OL]. http://www.zstj.net/ShowArticle.aspx? ArticleID=4941,2012-03-31.

10000～49999GT 的油船达到 2110 艘次，5 万及以上总吨的油船 1158
艘次，万吨级以上油船中绝大部分是原油船，而这当中舟山港域约占了
全省的 30％①。因此，渔船排放的污染物对海洋环境的污染也不可小
觑。相关统计资料表明，海洋环境污染中有 35％的污染物来自于船舶。
特别是石油类污染中，陆上工业排放和城市排放占 37％，而船舶操作性
排放则占 33％②。

　　船舶垃圾则是指船舶在营运生产过程中要不断地或定期地予以处
理的各种生活垃圾和工业垃圾。通常而言，船舶会经常性地排放一些油
污水（机舱水、油污压载水、洗舱水等），这些污水含大量石油，若直接排
放会对水域造成石油污染。而船舶上的厕所、医务室以及动物住处排放
的污水中含有细菌、寄生虫、病原体、悬浮物、有机物等，这些微生物的
55、CODer、BODS、M. P. N（总大肠菌群最可能数）都较高，不加处理就
排放势必会对海洋生态产生危害。因远洋运输带来的船舶垃圾总量较
短途运输更多且可能涉及多国和多海域的利益，所以远洋运输需要有相
应的国际公约来减少和防止船舶污染，目前我国已经加入国际海事组织
（IMO）制定的相关公约以规范我国海洋运输业，承担起作为大国应尽的
环保责任③。

　　近年来海洋运输中突发的海上事故和船舶溢油事故对海洋环境的
保护也造成了很大威胁。例如，2008 年 10 月 13 日"宇洲 19"从宁波驶
往舟山三江晖昊码头途中，在定海西码头西侧水域发生触礁事故，事故
发生后该船擅自向海域排放约 70 吨盐酸，造成严重海洋污染。由于中
国的石油大部分依赖于进口，而海上运输又是进口石油的最主要运输方
式，在航运中各种运输事故时常发生会导致溢油事件，例如 2005 年"华
杰 6 号"轮船在浙江省舟山马峙锚地海域，从透气管中溢出 125 公斤燃
油。同年，"宁大 1 号"船在浙江省舟山五奎山锚地与锚泊的"运鸿 7 号"

　　① 舟山市统计局、国家统计局舟山调查队. 舟山市 2011 年国民经济和社会发展统计公报
［EB/OL］. http://www. zstj. net/ShowArticle. aspx？ ArticleID＝4941，2012-03-31.
　　② 徐秦. 船舶污染对海洋环境的影响及对策［EB/OL］. http://wenku. baidu. com/link？ url
＝ r4JRBhhqd54JwFtPfUgBHNG _ jX2V8Xpm0gqfRAcN-RLFXVm5G1jCO83z5　fRwdNjS0xtia0cV
1K27k2dRHkeGyYtzZb4KvppC5PhWanx3K6q，2015-10-31.
　　③ 张莉. 船舶生尾输产生的环境谈污染及其防治工程与技术［J］. 环境保护，1999（8）：17-19.

船碰撞,货舱破损,溢油约 0.5 吨;2008 年,"浙甬油 7"触碰水下暗礁群,造成左舷燃料油舱下侧底板开裂进水,约 3.81 吨燃料油从透气孔冒出。同年,"振兴油 58"轮在桃花岛附近海域与他船发生碰撞,事故造成该油轮油舱破损,约 3.5 吨燃料油外泄,造成海域污染。2013 年,舟山近岸海域发生的三起海洋污染事故也均为溢油事故[1]。因此,石油远洋运输对海洋生态环境造成了极大威胁。

值得强调的是,由于石油污染扩散快、污染时间长的特点,海洋石油污染会对渔业资源造成毁灭性的破坏,进而加重其对海洋生物整体的摧毁程度。石油中的低分子烃和有些极性化合物会溶入海水,而部分浮游和定生海藻可能直接从海水中吸附溶解石油烃从而使石油烃进入食物链,这不仅会使捕捞数量降低,也会直接影响水产品的质量,严重影响渔业的发展。而且,石油及其衍生物会漂浮并覆盖海面,通过阻挡阳光、降低海水氧气的更新速度来阻碍浮游生物及藻类的生长繁殖,使海洋生物因缺少最基本的食物供给或被石油堵塞呼吸道而难以生存下去。对于鱼类来说,石油污染是致命的灾难[2]。因此,随着舟山海域船舶运输的快速发展,不断发生船舶和海洋石油开采溢油事故会进一步加快舟山海域海洋生物种群的减少速度。

另外,各类海洋工程,包括海洋石油钻探、矿产开采等传统项目和新兴的海岛旅游项目等在内的工程,也都会破坏海洋生态环境的平衡。海洋工程在建设以及使用中会产生相应的废水和废物排放,特别是海上开采作业造成的污染物泄漏会对海洋环境造成极大的破坏。2012 年,岱山海域平湖油气田输油管线断裂,虽然上海天然气公司及时封堵了断管,但是仍然导致少量原油泄露。值得注意的是,石油烃会破坏细胞膜的正常结构和透性,给细胞的生化过程带来阻碍,从而带来物种畸形率的上升。且大多数浮游藻类在 $0.1\sim 1\text{mg}/\text{L}^{-1}$ 石油的海水中就会死亡[3]。这导致了海洋中耐污生物猛增,而对污染敏感的物种大量减少,

---

①② 王伟浩,吴长江.论源洋石油污染对渔业的危害及其防治对策[J].海洋与海岸带开发,1994(1):33-35.

③ 沈南南,李纯厚,王晓伟.石油污染对海洋浮游生物的影响[J].生物技术通报,2006(S1):95-99.

将致使海洋生物多样性下降。因而,填海造陆、海上采砂和海底矿采等大型海洋工程的规范化和合理化作业,成为海洋保护相关部门必须重视的工作。新区政府也为此展开了一定努力,例如在 2013 年,舟山海域被纳入监控监管的海洋工程就有 110 多个,其中包括炸礁、海水淡化、海底管线铺设、跨海桥梁、围填海工程等,查处无证违规倾倒作业就有6 起①。

与此同时,海水养殖也会造成海上污染。海水养殖中的废物、残饵、代谢及排泄物等大量排入也成为海洋污染的主要污染源之一。舟山渔场是我国最大的近海渔场,其拥有优越的海水养殖生产条件,适合海水养殖业的发展。据统计,舟山市 2008 年水产养殖总面积 14.98 万亩,总产量 12.25 万吨,总产值 10.99 亿元,分别占全市渔业总产量和总产值的 9.76％和 13.58％②。近年来,随着海洋经济的发展,海产养殖的投饵、施用药物等活动也加速了生态环境的恶化。由于海水养殖废水中含有大量的营养盐,特别是有氮、磷的大量存在,从而使水体产生富营养化作用。这种海水一旦伴有适当的生物、水文和气象条件,就会增加赤潮发生的可能性,进而增加了海洋生物生存与繁殖的风险。同时,在海水养殖过程中,养殖户们投放的用以灭杀病虫害的药物也危害到了水中浮游生物和有益菌虫的正常生存。随着人们对渔业产品需求的增加和养殖能力的提高,海水养殖造成的污染也会不断加剧③。

总的来看,上述几方面的海上污染所造成的一个直接后果是海洋生物多样性的减少和海洋生态环境恶化。舟山区域的海水质量在近年来恶化的速度很快。在 2005 年,其二类水质的比重还很高,但到了 2013年,二类水质所占的比重就很小(见图 5.1)。《中国近岸海域环境质量公报》显示,舟山海域 2008—2010 年化学需氧量严重超标,无机氮(主要是氨氮等)超标,活性磷酸盐超标。氨氮对渔业资源生态环境的影响也是颇为严重的,含量过高会造成鱼类大量死亡,这是渔业资源衰减的重

---

① 李斌.加强监管　强化保护[N].人民代表报,2006-10-17.
② 姜宇栋,王骥腾,韩涛,等.舟山海水养殖业现状调研[J].水产养殖,2012,33(1):30-33.
③ 李红山,黎松强.水体富营养化的防治机理——污水深度处理与脱氮除磷[J].海洋科学,2002,26(6):31-34.

要原因之一。从总体状况看,在舟山海域海水富营养化程度过高的地区中,定海和嵊泗海域属重度富营养状态,普陀海域属贫营养状态,岱山海域属中度富营养化状态。这种状况带来的直接影响就是附近海域赤潮发生的频率增大,对当地渔业生产及滨海养殖带来极大的破坏。2013年舟山近岸海域共发现赤潮 6 起,累计面积约 400 平方公里[①]。

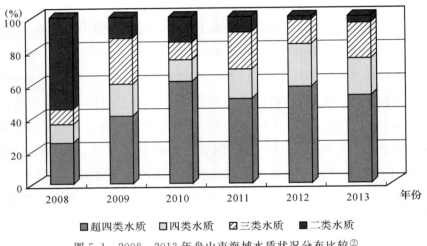

图 5.1 2008—2013 年舟山市海域水质状况分布比较[②]

第三节 海洋生物多样性保护问题

丰富多样的海洋生物不仅直接给人类提供了食物、医药以及休闲娱乐等需求,还在分解废弃物、调节气候等方面起着不可缺少的作用。因此,保护海洋物种的多样性是保证海洋生物资源可持续性利用的前提,也是维持海洋生态平衡和人类生存与可持续发展的重要基础[③]。海洋生物多样性是衡量海洋生态承载力的重要指标,也是海洋生态保护领域

① 温艳萍,崔茂中.浙江海域赤潮灾害的经济损失评估[J].科教导刊,2011(12):139-140.
② 舟山市海洋与渔业局(海洋行政执法局).2012 年舟山市海洋环境公报[EB/OL]. http://www.zsoaf.gov.cn/news/3ab8914e-2201-42b7-8b0e-8b0ca470c247.html? type=00066,2013-04-25.
③ 孙钰.保护生物多样性 维护国家生态安全——访中国工程院院士金鉴明[J].环境保护,2007(13):4-6.

的重要议题。我国是一个海洋生物多样性非常丰富的国家,据统计,2007 年中国海域已经发现和记录的生物有 22561 种。舟山群岛海域共有 1163 种海洋生物,包括 91 种浮游植物、103 种浮游动物、480 种底栖动物、131 种底栖植物和 358 种游泳动物①。但是,近年来我国海洋生物多样性呈现下降趋势已是显著的事实。2012 年 8 月,舟山市共鉴定到浮游植物 56 种(多样性指数为 1.49～3.49),浮游动物 66 种(多样性指数为2.96～4.14),底栖生物 15 种(多样性指数为 0～2.32)。2013 年,共鉴定到浮游植物 66 种(多样性指数为 2.17,生境质量等级为一般),浮游动物 74 种(多样性指数为 3.10,生境质量等级为优良),底栖生物31 种(多样性指数为 1.83,生境质量等级为差)②。

导致海洋生物多样性锐减的原因是多方面的,主要有三个方面:一是海水污染,二是过度捕捞,三是环境改变。海水污染是导致海洋生物多样性减少的主要原因。近年来,受三大入海河流所携带陆源污染物的影响,舟山海域污染加剧,海洋生物栖息环境恶化,生物物种减少。早在 2005 年,舟山海域严重污染海域和中度污染海域分别占了总海域面积的 19.83% 和 11.5%,轻度和较轻度污染海域面积占总海域面积的 13.02%。近年来,随着劣于四类的海水水质不断扩大,赤潮灾害的爆发频率也随之增加。据了解,仅无毒赤潮就可致使部分海洋生物因缺氧而死,有毒赤潮则甚至可通过危害其他生物而最终危及人类生命健康,破坏海域生态环境③。而海上石油污染也会导致洄游性鱼类的信息系统遭到破坏,无法溯流产卵,从而影响鱼类的繁殖。石油对于海水的污染也会使鱼、虾、贝类因被污染而失去食用价值,这会间接地给海产品相关产业带来损失④。

过量捕捞也会改变海域内的生物多样性指标(如物种风度、均匀度、

---

① 谢挺,胡益峰,郭鹏军.舟山海域围填海工程对海洋环境的影响及防治措施与对策[J].海洋环境科学,2009,28(S1):105-108.

② 舟山市海洋与渔业局.2013 年舟山市海洋环境公报[EB/OL]. http://www.zsoof.gov. news/621db43a-72e9-4278-8529-01669c347aaf.htlm.？type=00066.

③ 王东祥,张元和.浙江赤潮灾害及其防治对策[J].浙江经济,2001(11):34-35.

④ 王伟浩,吴长江.论海洋石油污染对渔业的危害及其防治对策[J].海洋与海岸带开发,1994(1):33-35.

种类等），从而影响其海洋生态功能。目前，滥捕已经促使渔业资源急剧减少，面临枯竭的危险，生物多样性也因此受损[①]。在舟山群岛海域，可供捕捞的海产品种类颇为丰富，过去曾捕捞的主要品种可达40多种。然而现在，被称为舟山渔场"四大经济鱼类"的大黄鱼、小黄鱼、带鱼和乌贼已经形不成鱼汛，渔场的很多海域已经无鱼可捕[②]。近年来，捕捞能力快速增长，渔船现代化使渔船生产能力和水平空前提升。而且在舟山沿海，许多小渔船不顾禁渔期擅自出海，使用拖网和帆张网等渔具，对大小鱼类进行通吃型捕捞，这虽然提高了舟山海域渔业生产总量，但也对渔业资源的耗尽起了很大的助推作用。过度捕捞给海洋生物资源造成毁灭性的破坏，已经成为舟山渔业资源枯竭的主要原因。

就生存环境的变化而言，滩涂围垦对海洋生物多样性的影响更大。滩涂围垦使得渔业水域面积减少，自然渔业物种受到威胁，导致自然渔业产量下降。在自然界，各类动物和植物与其生存环境之间是一种互相影响、互为依赖的关系。舟山新区海域辽阔、岸线曲折漫长、海岛众多，特别是优越的港湾条件和滩涂使得舟山海域的生物种类呈现多样性，它既是我国第一大渔场，也是我国最大的河口性生卵场，是不同习性的鱼虾洄游、栖息、繁殖和生长的良好场所。区域内滩涂资源主要分布在海岛周边的小型海湾内。这些小型海湾是鱼类重要的洄游栖息地。同时，各种湿地的存在也为各类生物提供了天然的栖息地和基本食物，从而积累了许多优势群落的演替和更新。

在此，人类对于海洋的开发活动会在一定程度上改变这些鱼类生存的生态环境。舟山陆地空间十分有限，因而填海围垦成了不可避免的选择。然而，滩涂围垦造地不仅会使滨海湿地减少，还会改变这些海湾底部的地形、地貌，造成沙滩消失、珊瑚礁毁坏、海岸后退、海水入侵、沿岸土地盐碱化等严重后果。特别是建港修堤型的围填海工程，还会改变海岛正常的水动力环境和其他水文条件，破坏渔业回流的路径。这些天然设施一旦发生变化或被破坏，会直接影响到鱼群的正常栖息规律，威胁

① 王晓红,张恒庆.人类活动对海洋生物多样性的影响[J].水产科学,2003,22(1):39-41.
② 殷文伟.论舟山海洋渔业困境及其破解[J].中国渔业经济,2007(5):56-59.

其繁衍生存,导致生物多样性减损和海岛生态环境的恶化,最终使自然渔业物种受到威胁,自然渔业产量下降[①]。另外,滩涂围垦工程施工产生的粉尘、污水等也会威胁到鱼类的生存环境。同时,一些不合理的开发工程和各种改造海岸线的开发建设工程也会严重损害海域的生态平衡,阻碍海洋经济和资源利用的可持续性。

　　从目前的状况看,由污染物和不合理开发造成的海洋生物多样性保护问题是近年来舟山新区政府海洋生态建设中极为重要的任务,在管控陆源污染、海上污染的同时,也要时刻关注生物物种多样性及其生存环境的改善,从恢复海洋自我修复能力的角度出发,形成良性可持续的海洋生态平衡。为此,在海洋经济活动中,我们要强化海洋红线的保护,加强海洋保护和禁渔的法律和规定的执行、培养临港企业和地方居民对于开发活动的监督,改善海洋生态保护的基础条件。这些措施都是解决发展与保护海洋生物多样性的基本途径。

---

①　谢挺,胡益峰,郭鹏军.舟山海域围填海工程对海洋环境的影响及防治措施与对策[J].海洋环境科学.2009,28(S1):105-108.

第六章
缓解舟山海洋生态问题的政策手段

第一节　陆源污染防治

分析舟山新区在生态保护方面所面临的困难,是为了寻找对策来解决海洋生态环境的保护问题。舟山海域的陆源污染主要是因河流(长江、钱塘江、甬江等)上游的内陆污染被带入海口,从而造成整个杭州湾区域的环境污染问题。由于长江、钱塘江都流经多个省市,特别是长江横贯我国东西,流经区域众多,带入的内陆污染种类和总量都相当多。基于这一原因,舟山当地政府在陆源污染的防治方面所能开展的工作也十分有限。对于这些外来污染排放的控制,最基本的途径是要推进治污政策的制定并强化其执行力度。政策行动的基本目标包括控制本地企业和个人向三大河流排放污染物,对海域的水质进行监测并及时向有关部门提交汇报和建议,通过建设海洋生态工程来提高海洋自我修复能力等。然而,由于陆源污染主体繁多,污染形式和种类也各不相同,故治理起来会有很大的难度。

要应对这些困难,找到解决这些问题的现实途径,设立和实施排污税是政策治污的一种基本形式。这种途径要求通过相关制度和法令来促使社会各界在环境保护方面明确污染主体的责任,按照一定比例承担污染防治的责任和所需资金的提供。可以通过一定的方式为污染区域的防治和生态修复工作提供资金来源,使环境受损地区的政府和组织可以利用这些资金展开环境保护和修复工作。基于区域合作理念和政策排污的基本形式,舟山政府需要与中央政府、浙江省政府和长江上游的各省政府共同努力,落实排污税政策的执行,实现不同区域间的相互协调和海陆联动,遵循"谁污染谁补偿"原则展开联动性海洋生态建设工作[①]。当然,治污政策的实际执行状况不仅取决于跨地区间的协调与合作,也取决于如何将污染者与污染受害者之间的利益协调起来。

　　除了外来的污染排放问题,在舟山区域内部也存在着对陆源污染的控制问题。为此,地区政府应采取各种环境保护政策来加以限制。例如,对各企业和单位规定单位 GDP 能耗和污染物排放指标,实行差别化指标政策,在严格执行排污许可证制度[②]的同时,对国家重点布局的火电和石化等行业的重大项目排污总量指标的制定采取一事一议的方法,更好地进行总量控制[③]。对于本地工业或其他产业的污染,则要加大对于重点污染行业的整治力度,提升对排污企业监管和处罚的严度,关停排污不达标企业。以 2011 年年底政府公报的统计为例,该年度舟山全市完成对 34 个重点区块、181 家重点企业的污染整治任务,关闭了 11 家电镀企业并停产整治了 4 家企业,对 36 家重点污染企业排污情况建立了实时监控网络,这些行动加大了落后产能淘汰力度。同年,全市燃煤锅炉和工业窑炉基本完成了脱硫除尘设施改造。此外,舟山还进一步推进了危废填埋场、污水处理厂和污泥处置等项目的建设,实现了对污水的集中处理和达标排放目标[④]。

　　临港工业污染也是陆源污染管理的重要内容。例如在发展临港工业过程中要高度关注生态保护的问题,做好港口和临港产业的合理布局

---

　　① 周南. 五大重点工程将强化舟山海洋环保和防灾减灾体系[N]. 中国海洋报,2012-08-24.
　　② 排污许可证是指环保主管部门根据排污单位的申请核发的准许其在生产经营过程中排放污染物的凭证。2015 年 1 月 1 日起,我国境内所有排污单位均要实行特征排污。
　　③ 郑新立. 将舟山建设成为我国环太平洋经济圈的桥头堡[J]. 全球化,2013(4):30-38.
　　④ 宣教中心. 舟山群岛新区创新运用加减乘除法[EB/OL]. http://www.zjepb.gov.cn/hbtmhwz/sylm/hbxw/201211/t20121108_240193.htm,2012-11-01.

规划,形成临港产业集聚发展效应。在此,2015 年国务院印发的《全国海洋主体功能区规划》要求临港工业控制建设规模,防止重复建设和产业结构趋同化,并严格控制开发活动规模和范围,实行据点式的集约开发。《舟山市海洋环境保护"十二五"规划》也要求舟山在排查入海排污口的同时应对入海排污物质进行跟踪和监测,实施信息化管理网络工程。可以预见,随着产业转型和经济发展,将会有越来越多的船舶制造和化工以及各类加工企业聚集到舟山,因而在临港工业集中区和重大海洋工程施工过程中要进行严格的环境监控,并要做好相关配套设施的建设。同时,对于海水水质要努力实现自动监测,开发卫星遥感在海洋监测中的应用①。加大工程施工废弃物的管理控制,落实陆海污染同步监督和防治的力度,实现海洋开发活动中海洋倾废总量的控制。

临港工业的建设还要充分考虑到海岛生态的承载力,在环境准入方面不仅要执行严格筛选程序,对于周边海域旅游景区、自然保护区和防洪保留区等也要进行维护,严禁工业滥占用,还要建立并实施海洋环境容量和重点海域污染物总量控制制度,科学地选择围填海的位置和方式,并同步实施围填海总量控制制度。与此相应,在对重大海洋工程特别是围填海项目的环境影响评价工作中,则要特别重视评估各类企业进驻新区可能产生的生态影响。新建项目应严格按照环保要求建设配套的治污设施,从而扎实推进环境保护。在农业开发和种植养殖的污染处理上,严控农业面源污染,积极推广集约化、循环化、生态化种养模式,实现农业清洁生产和病死动物的集中统一处理,加大整治畜禽养殖场和重污染行业。

此外,新区还应着重扩大水资源的储备。舟山地区目前普遍存在生活污水直排海域的问题,而且随着人口的大量涌入,生活污水的排放和生活垃圾的处理问题越来越严重。特别是当人口达到一定规模时,生活污水的排放将对环境造成更为严重的损害。此外,随着海岛旅游的发展(舟山每年有近 1600 万人次的季节性游客涌入,见图 6.1),外来游客也

---

① 黄最惠,晏利扬.城市花园什么在多什么在少?[N].中国环境报,2012-11-01.

带入了大量生活污染物,这对海岛环境造成了压力。为此,新区已建成能够处理一定规模工业、生活和医废垃圾的大型项目,城市生活垃圾的收集也逐步实行容器化、密闭化。目前,新区政府应加快污水处理厂建设,优化排污口布局,实施集中深海排放,并对主要污染物排海总量进行控制。地方政府要大力推行舟山新区逐村、逐岛、逐区域的生活污水直排入海的治理方案,先渔农村、后城郊接合部、再城区,先旅游核心区、后旅游区,实现分批有序治理。此外,政府还应鼓励研发先进的海洋环保技术,并利用这些技术建设海洋工程,使海域污染减量化、资源化和无害化,从而提高整个海域的生态承载力。

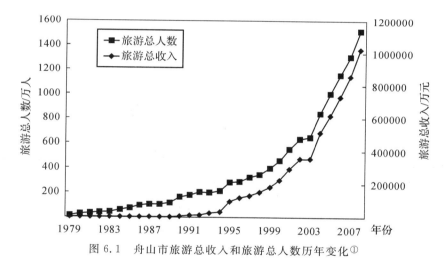

图 6.1　舟山市旅游总收入和旅游总人数历年变化①

与此同时,舟山市政府设立了地区生活生产废水处理的发展方案。舟山市政府在中心城区建设了 7 处污水处理厂,其中新(迁)建岙山、西北、新港东、干览等四处污水处理厂,扩建定海、岛北、顺母三处污水处理厂,并在区域内新建多处污水提升泵站,实现污水的区域化收集与处理。同时,还强化了再生水利用方面的设备建设,建设 3 处再生水厂,使舟山市的总回用规模达到 10 万立方米/日。其中,定海污水处理厂再生规模计划达到 4 万立方米/日,作为定海城区绿化景观以及工业用水等;岛北

①　中国城市规划设计研究院.浙江舟山群岛新区空间发展战略规划(专题研究)[R].北京:中国城市规划设计研究院,2011.

污水处理厂和西北污水处理厂再生规模达到 6 万立方米/日,主要提供工业用水①。在未来发展中,政府要求实现全市污泥无害化处置率不低于 80％,其中工业污水治理污泥无害化处置率不低于 90％;100％渔农村地区生活垃圾集中处理和 70％的生活污水治理;而在工业固体废弃物综合利用率上则要努力达到 94％以上②。这些目标的实施不仅能够大大提高新区的污水处理能力,解决新区生活污水源直排海的实际问题,也能够缓解当地工业和绿化用水的需要,提升当地水环境的质量。

第二节　海上污染防治

舟山海域的污染与多方面的海洋活动有关,任意排放船舶污染物、无限制捕捞经济性海洋生物,以及各类突发的溢油事件等,都会给海洋环境和海洋生物的繁衍生存带来威胁。一方面,舟山地区的工业废水、农畜业废料以及生活污水等陆源污染物的随意排放加剧了舟山近海海域水体的富营养化程度,诱发了赤潮灾害的频繁发生;另一方面,海上污染物也是给海洋生态承载力带来压力的重要因素③。而对于海水污染的防治,主要是针对不同海洋活动造成(或可能造成)的海水污染问题制定相应措施。针对这些威胁,我们可以从监控和管理两个角度出发来探讨防治途径。

在海上污染的防治方面,强化对船舶污染的监控是最基本的途径。舟山的客运船舶和各类渔船众多,这给渔船排放管理和海洋生态建设带来了压力。由于科学技术的发展,渔船总吨位随着船舶技术的改进不断上升,单位船只的排放量也随之上升,因此总的船舶排放污染对海洋生态的破坏问题仍然十分突出。这也要求政府在控制船舶数量方面加大监测力度,加强船检管理工作,建设"渔船信息化"工程。在这方面,舟山

---

①② 舟山市住房和城乡建设局.舟山群岛新区总体规划[EB/OL]. http://www.zscj.gov.cn/zg_index.html,2016-01-24.
③ 王春蕊.沿海开发进程中海洋生态环境保护的机制与路径[J].石家庄经济学院学报,2013,36(3):50-52.

定海区农林与海洋渔业局于 2015 年根据《农业部渔业船舶检验局关于做好"数字船检"监察信息系统推广应用工作的通知》（渔农检（船）〔2015〕8 号）和《浙江省海洋与渔业局关于推进渔船信息化管理工作的通知》（浙海渔船〔2015〕1 号）等文件精神，开展了"两张卡"安装工作，为渔船办理"身份证"和"市民卡"。截至 2015 年 8 月 26 日，定海区渔船检验站共完成 332 艘"渔业船舶身份标签"的安装，其中 12 米以上渔船已基本安装完毕①，通过控制海域机动船的数量和规格来减少排污量。同时，近几年来建成的连接舟山群岛的公路大桥也通过发展陆上交通替代海上船舶交通，对于减少船舶对舟山海洋的污染起到了重要作用。

　　除了加强对船舶数量的监测管理外，对船舶污染物的排放管理也十分重要。船舶污染物的肆意排放是海水污染的重要来源，会给海洋环境造成严重影响，因此，要加强海上执法力度，提高防治污染物排放的管理水平。在这方面，我国于 1983 年加入了国际海事组织提出的有关船舶污染控制的公约（即 1973 年《国际防止船舶造成海洋污染公约》），严格控制运输船舶的污染物排放，并按照该公约的规定对散装有毒液体、海运包装有害物质、船舶生活污水和船舶垃圾的运输、储存、处理和排放工作进行整治。地方政府在执行《中华人民共和国海洋环境保护法》《中华人民共和国防止船舶污染海域管理条例》和《防治船舶污染海洋环境管理条例》中要严格遵守船舶排废标准和相关的国际国内法规，降低海上污染风险。

　　具体来说，地方监管部门要切实落实船舶污染排放规定，提高监管的水平。要健全区域内船舶污水禁排政策，强化对海洋环境风险防控和评价。对石化、油储等项目则要划定合理的海洋环境缓冲区以形成安全的防护距离，而对于新建油品码头等高污染风险项目要从严审批。近年来，舟山政府就协调海陆双方形成联动性的污染治理和风险防范制度方面也做出了努力，如通过并实施《舟山市大型油轮监督管理办法》，对港区大型油船的整个装卸和运输过程都做了明确的要求，并采取全程监控

---

① 舟山市海洋与渔业局. 定海区为渔船办理"身份证"和"市民卡"[EB/OL]. http://www.zsoaf.gov.cn/news/c0e56ab1-0e82-459b-a8b2-ce79e45b8480.html? type＝SY002,2015-08-27.

的方法对涉及污染的程序进行防控。这些努力对减少海洋油污染和保护海洋生物多样性都产生了积极性的作用①。

另外,健全海上事故的防范措施体系也是舟山海上生态管理的重要任务。这一任务要求针对突发性海洋污染事件,建立起应急管理机制,做好环境突发事件的防范工作。舟山市于 2012 年以提升舟山防治溢油污染应急能力建设为目的,制定了《舟山市防治溢油污染海洋环境应急能力建设规划》,提出建设预案体系、体制机制、信息系统、设备设施和队伍体系,以提升应急准备、应急组织、快速反应、应急处置和应急保障这五个方面的能力。按照这一规划,到 2020 年舟山应急能力将完全覆盖舟山管辖所有港域,使舟山在处理港域内发生溢油事故的时候,相关人员和设备可于 4 小时内到达现场,且一次溢油控制清除能力达到 3000吨。在建立事故防范体系时,还要对溢油污染风险较大的船舶按规定设立相应的船上油污应急计划。特别是随着化工生产和油品储运等行业的壮大,对这些具有环境风险的产业加大监管和风险防范工作也变得尤为重要。为此,舟山还专门设立了外钓岛溢油污染应急处置中心来处理全市溢油突发事件,并且配备 6 艘海上废油回收船,在东沙渔港、鹿西渔港、洞头中心渔港等处共设立 5 个船舶废油回收点。这些工作对于海洋污染监控和处理能力的强化都十分有益。

预防和治理是海上污染防治工作相辅相成的两个方面。除进行海洋环境突发事件的预防、建立防范体系和应急管理机制外,也要设置有效手段对已经被污染的海水进行净化。由于海水拥有的自我净化和修复能力十分有限,因而在污染净化工作中要结合人为干扰措施来帮助海洋进行生态恢复。例如,在面对海水养殖造成的污染中,可以利用生物和理化调节技术改善养殖水质,也可采用混养滤食性动物(如扇贝、牡蛎和罗非鱼等)、移植底栖动物、添加光合细菌用以分解有机物等技术手段,通过加快物质循环来改善水质等②。在面对海上石油污染问题时,

① 黄最惠,晏利扬.城市花园什么在多什么在少?[N].中国环境报,2012-11-01.
② 王如定.海水养殖对环境的污染及其防治[J].浙江海洋学院学报(自然科学版),2003,22(1):60-62.

也可人工种植海洋藻类,使其吸收海水中的氮、磷等营养物质,净化重金属污染和降解石油类有机污染物,或者采用生物强化技术来降解石油污染(即在石油泄漏污染场中接种高效的污染物降解菌来降低石油烃对海洋生态带来的破坏力)①。此外,人工种植红树植物也是一种可行的技术,因为红树植物的根部具有吸收氮、磷等营养盐和重金属元素的能力,从而能够帮助推进富营养化水质和石油污染水质的净化。

最后,推广多样化的生态渔业生产方式,通过整治海洋渔业作业方式来扶持生态渔业的发展,对养殖施肥及药物使用进行严格的规定和监督管理,减少海上污染。近年来,一些渔民为提高产量,采取破坏海洋环境的捕捞方式,导致近海海水污染加剧,渔业资源锐减。在远海海域,捕捞作业的争端也越来越多。对此,政府要严格执行休渔制度,全面禁止底拖网和中层拖网渔船的捕捞,或选择性延长休渔期。在发展生态渔业养殖的过程中,要完善有关生态渔业养殖的法律制度,包括海水养殖污染防治法律制度、海水养殖环境影响评价制度、海水养殖"三同时"制度②、水产养殖许可证制度、海水养殖海域使用有偿制度、海水养殖防治外来生物入侵制度、海水养殖排污总量控制和收费制度以及海水养殖污染事故报告应急及限期治理制度③。通过这些法律制度手段对海水养殖进行规范化管理,减少海洋渔业污染。另外,政府还要鼓励发展低碳渔业,推广渔船节能减排,降低渔船运作本身对海洋环境的污染,倡导能源节约和环境友好型渔业生产④。

---

① 申洪臣,王健行,成宇涛,等.海上石油泄漏事故危害及其应急处理[J].环境工程,2011,29(6):110-114.

② 海水养殖"三同时"制度,是指一切与海水养殖有关的新建、改建和扩建的包括小型建设项目在内的基本建设项目、技术改造项目以及可能对环境造成损害的其他工程项目,其防治生态环境污染和其他公害的设施以及其他环境保护措施,必须与主体工程同时设计、同时施工、同时投产。参见 http://doc.qkzz.net/article/3bde88d8-6f1a-4ff5-8e81-6094fbe4400d.htm.

③ 赵超妍.我国海水养殖污染防治法律制度研究[J].知识经济,2011(3):63-65.

④ 楼加金,刘兴国,胡建平,等.新区背景下舟山捕捞渔业转型升级战略研究[J].渔业信息与战略,2012,27(4):284-288.

第三节　海洋鱼类资源的保护

舟山是我国重要的海洋渔业基地,素有"东海鱼仓"和"祖国渔都"之美称。它拥有舟山渔场的同时还建有 12 个渔港经济区,即沈家门渔港经济区、西码头渔港经济区、高亭渔港经济区、长涂渔港经济区、衢山渔港经济区、嵊泗渔港经济区、嵊山渔港经济区、桃花渔港经济区、虾峙渔港经济区、台门渔港经济区、螺门渔港经济区和沥港渔港经济①。随着舟山海洋开发综合试验区的建设逐渐上升到国家战略层面,舟山市委、市政府也明确将现代渔业岛建设作为试验区发展的重要内容。近年来,外海渔业和远洋渔业的维权作用日益显现,对传统渔场、海水养殖区、水产种质资源保护区等渔业保障区的权益维护得到了中央的高度关注。而且,全球粮食安全危机也提升了满足水产品市场需求的渔业产业的地位与作用。这些现状都将成为舟山渔业发展的新机遇。

作为舟山地区的支柱性特色产业,渔业生产在当地经济中发挥着相当重要的作用。2013 年舟山新区全年农林牧渔业总产值为 188.81 亿元,其中渔业产值占 91.4%,达 172.58 亿元,比上年增长 16.8%,成为第一产业中年增长最快的行业。海洋渔业的发展为舟山沿海居民提供了大量的就业机会。近几年渔农村从业人员一直维持在 40 万人以上②。新区渔业也支撑着水产品加工的第二、三产业,这对于产业结构的升级起着极为关键的作用。在"十二五"时期,中央把发展海洋经济上升为国家发展战略,明确提出把渔业和海洋油气、海洋运输等一起作为海洋经济发展产业。因此,实现舟山渔业的可持续发展是海洋环境保护的需要,也是促进舟山新区经济发展的必然要求。

但是,近年来,过度的、不合理的渔业捕捞活动造成了不同程度的海

---

① 舟山市住房和城乡建设局. 舟山群岛新区总体规划[EB/OL]. http://www.zscj.gov.cn/zg_index.html,2016-01-24.

② 舟山市人民政府办公室. 舟山市 2013 年国民经济和社会发展统计公报[EB/OL]. http://www.zhoushan.gov.cn/web/zhzf/zwgk/tjxx/ndtjgb/201403/t20140327_649813.shtml,2014-03-27.

洋生态系统破坏,使我国经济性鱼类的种类和数量急剧下降。因此,要想实现舟山渔业的可持续发展,首先就要限制捕捞量。人类急剧增长的需求和无限制的捕捞正在危及海洋资源的循环永续利用,特别是国家自2006年起实施的柴油补贴政策激起了新一轮的造船热,船舶捕捞能力也不断增大,海产品总产量从2001年129.39万吨增加到2013年的155.38万吨①。这加剧了渔业资源的衰退。为缓解捕捞能力增加情况下的鱼类自然繁殖困境,我们有必要对海洋渔业的作业方式以及渔船标准予以规定,并由当地渔业部门进行检查和监督,从而缓解其对海洋环境造成的负面影响。

　　在此,舟山新区要严格控制海洋渔业年捕捞量,确保每年捕捞产量稳定在100万吨以贯彻"捕捞量零增长"政策,适当遏制海洋捕捞产量持续增长的势头。要继续执行和优化"休渔期"和"禁渔区"制度,使鱼类有充分的时间和空间进行繁殖生长,使海洋渔业资源得以休养生息。为此,地方政府在严格控制捕捞渔船数量的基础上,也要进一步调整捕捞结构,划定相应的海域及毗邻岛礁作为重点保护区域,开展重点保护工作。对于重要的渔业资源,推广标准化和健康化的养殖模式并拓展深水养殖,推进以海洋牧场建设为主要形式的区域综合开发②。同时,在主要的渔业生长繁殖区,要提高该区域种群的数量和质量。此外,加强渔民伏休生活补贴制度等配套措施的建设也是海洋保护的重要措施。

　　要大力发展远洋渔业,通过外海远洋捕捞拓展近海渔业产业的发展空间,缓解近海海域的生态环境问题。由于滥捕滥捞,近海渔业资源已经严重不足③,这就促使捕捞范围也在不断扩大。目前,外海远洋逐渐成为新的捕捞生产基地,其渔获量已占到舟山全市捕捞产量的80%以上④。进入"十二五"以来,舟山市委、市政府明确提出了"建立国家远洋基地"的战略目标,促使舟山远洋渔业取得了快速发展。2002年,舟山

　　① 舟山市人民政府办公室.舟山市2013年国民经济和社会发展统计公报[EB/OL].http://www.zhoushan.gov.cn/web/zhzf/zwgk/tjxx/ndtjgb/201403/t20140327_649813.shtml,2014-03-27.
　　② 蓝颖春.《全国海洋主体功能区规划》解读[J].地球,2015(9):32-35.
　　③ 周世强,曲绍东,郭庆祝.我国远洋渔船自动化遥控系统设计模式研究[J].海洋信息,2013,(3):15-17
　　④ 丁忠.舟山群岛新区海洋农业发展路径研究[D].雅安:四川农业大学,2013

市全年远洋渔业产量只有 13.30 万吨,至 2013 年,其远洋渔业产量已达到 29.66 万吨。到 2013 年,舟山市拥有远洋渔业企业 25 家,远洋渔船 430 艘,并形成了集船舶修造、远洋捕捞、海上运输、人员物资补给以及产品的冷藏储运、加工贸易和金融支持于一体的远洋渔业产业链条[①]。

当然,由于近年来舟山当地海洋资源萎缩,舟山市的初级渔业出现产能过剩的问题,要解决这一问题主要可通过控制捕捞量、拓展外海远洋、转变渔业发展方式等途径来加大渔场保护力度。为此,在海域渔业资源的保护上,我们要大力推进渔港经济区的可持续发展和海洋生态环境建设,严格遵守 2015 年国务院出台的《全国海洋主体功能区规划》中提出的指导纲领,对海洋渔业保障区执行禁渔区管制且严控对海洋经济生物带来生存威胁的开发项目,同时对海洋特别保护区和海岛及其周边海域等实施分类管理。同时,舟山政府可以在造船补贴、柴油补贴等政策的基础上,进一步加大对远洋渔业发展的资金扶持力度,建立以政府为引导、企业和渔民为主的多元投资体系,进而为远洋捕捞提供更为先进的设施装备和基地。此外,政府还可以建立远洋渔业风险分散机制,帮助远洋渔业公司抵御风险,并通过鼓励科研单位进行远洋渔业的研究,为发展远洋渔业提供技术支持。

在对渔业资源保护和渔业产业发展的讨论中,许多学者认为以科学技术为基础才是现代渔业的基本特征。我国传统的渔业加工因设备陈旧和工艺落后而难以生产出优品牌、高质量、高市场竞争力的海产品,在国际水产品加工市场中明显处于不利地位。为此,要大力推广科技兴渔战略,联合国内科研单位和高等教育部门进行研发,促进本国水产品加工企业的技术升级和创新。要实现科技与生产的对接,就要培养高素质的渔业科技研发团队,通过与国际水产企业联盟合作,攻克技术难关、降低成本以提高产品在国际市场的竞争力,共同创建出本国的水产品优势品牌。科技兴渔战略还体现在经营管理方式的创新升级方面。要建立信息化、综合型和灵活性的管理体制,提高渔产品的附加值,采用现代化

① 陈斌.关于进一步推进舟山市远洋渔业整合发展的思考[EB/OL]. http://www.zsdx. gov.cn/mainWebSite/news/e6696a03-4851-4af4-8436-8b2cc141987f.html,2014-09-10.

科学技术和先进经营管理方式实现渔业的现代化①。

　　实施科技兴渔战略也需要引进先进的作业方式,推广专业化的捕捞作业。这就要求我们对传统的较为劣质的渔船进行翻新改造和设备升级,将科技元素和节能环保理念添加进渔船设计,形成一支综合竞争力强、卫生达标、设施良好、能满足国际贸易要求的捕捞船队。近年来,舟山新区的渔业捕捞作业类型朝着多元化发展,大型围网、灯光敷网等新作业相比帆张网、拖网等能够更好地适应资源变化的发展实际②。因此要严格限制帆张网、底拖网等对渔业资源造成严重破坏的作业方式,积极引导发展钓业,提升流刺网、笼捕等作业水平,适度发展变水层快速拖网作业③④。此外,随着水产加工业逐渐成熟,舟山现已形成包括原产地保护水产品、旅游休闲和功能仿真食品以及餐饮配菜水产品在内的四大主导加工产品。当然,随着人民生活水平的提高和旅游业的繁荣,发展休闲渔业旅游基地已经成为近期渔业经济的新兴增长点,因而舟山也可依托海岛资源推进休闲渔业旅游发展,形成本岛和周边岛屿多点结合的全面协调发展局面⑤。

第四节　生物多样性的保护及恢复

　　海洋生物多样性是衡量海洋生态承载力的重要指标,生物多样性减损会对整个地球的生态环境构成威胁,因而保护海洋物种的多样性是保证海洋生物资源可持续性利用的前提⑥。舟山海域辖区内海岛众多,岸

---

① 赵珍.现代渔业的内涵及发展战略研究[J].渔业经济研究,2009(5):3-6.
② 刘召凤,俞存根.浙江舟山渔业经济可持续发展对策研究[J].农村经济与科技,2014,25(10):51-52.
③ 楼加金,刘兴国,胡建平,等.新区背景下舟山捕捞渔业转型升级战略研究[J].渔业信息与战略,2012,27(4):284-288.
④ 邬云鹏,王飞,林杭宾,等.舟山市海洋捕捞产业现状的初步分析[J].安徽农业科学,2014,42(10):3086-3088.
⑤ 沈承宏.把舟山建成全国现代渔业强市[N].中国渔业报,2011-08-08(008).
⑥ 孙钰.保护生物多样性　维护国家生态安全——访中国工程院院士金鉴明[J].环境保护,2007(13):4-6.

线曲折漫长,海域辽阔,这为习性各不相同的海洋生物提供了良好的天然栖息地。优越的港湾条件使得舟山海域的生物种类呈现多样的胜景。近年来,海域内的生物多样性正在不断下降。海域污染、过量捕捞、生境丧失是对生态环境产生负面影响的三大因素。要保护海洋生物多样性,就需要限制和减少这些负面因素的影响,将人类的生产生活行为对海洋生态的损害控制在海洋自身的修复力之内。

生物多样性的保护和恢复首先要从治理海域污染出发。在海域污染中,石油污染对海洋生物生存的威胁尤为突出,石油会对浮游生物造成致命性损害,且这种损害还会间接影响其他海洋生物的生存,从而引起海洋生态平衡的问题。除了石油污染,不合理的海水养殖带来的污染也会影响海洋生物的多样性。海水污染的净化与海洋生物多样性的保护密切相关。一方面,养殖户投放的用以灭杀病虫害的药物会危害到水中浮游生物和有益菌虫的正常生存;另一方面,海水养殖废水中含有大量的营养盐,会引起水体的富裕营养化,增加赤潮发生的可能性,从而加重了海洋生物生存与繁殖的风险。因此,在政策制定中,要重视对于溢油事件的防范,及时处理船舶和海洋石油开采溢油事故,形成综合性的管理网络以降低各种船舶航行的污染风险。在政策执行方面,要严格按照《中华人民共和国海洋环境保护法》的规定,开展公平有效的海洋执法工作,以最大限度降低人类开发对生物多样性的破坏,更好地发挥海洋所具有的生态功能①。

过度捕捞也会导致渔业种类和其他物种多样性受到损害,并且过量捕捞还会改变海域内的生物多样性指标(如物种相对丰度、均匀度、种类等),阻碍海洋生态功能的正常发挥。目前,人们对于滥捕可能造成的间接性海洋生境变化的认知度和重视度都还远远不够②,但这种影响都是显然存在的。为维护和保护海洋渔业资源和海洋生态的多样性,舟山新区实施舟山渔场振兴工程,建立海洋牧场、开展资源增殖放流和培育人工海藻场,提高区域生态资源修复能力。通过合理规划增殖放流,优化

---

① 马志军.滨海湿地生物量最大的生态系统[J].人与生物圈,2011(1):4-13.
② 王晓红,张恒庆.人类活动对海洋生物多样性的影响[J].水产科学,2003,22(1):39-41.

人工鱼礁和海洋牧场,恢复渔业种类多样性,打造出可供其他渔场参考借鉴的生态型渔场示范区,为海洋生物提供良好的生存环境基础①。这些努力可以建设产卵场、索饵场、洄游通道及海洋、岛礁生物资源的保护工程,以便促进海洋生态的恢复和维护。

　　设立海洋生物多样性保护的优先区域,是推进生态修复比较有效的手段。为此,舟山市政府制订了舟山市渔场振兴示范工程计划,将推进2个海洋特别保护区、1个种质资源保护区、2个增殖放流保护区的建设。在此,南麂列岛国家级海洋自然保护区及普陀中街山列岛和嵊泗马鞍列岛两个国家级海洋特别保护区,以及舟山鱼山渔场水产种质资源保护区,都在恢复海洋生物多样性的工作中发挥了明显成效②。这些保护区生物多样性丰富、物种特有化程度高、珍稀濒危物种分布集中,因此具有重要生态功能。这些区域禁止捕捞、滩涂围垦建设以及其他形式的海洋开发,成为保护海洋生物多样性的核心区域③。在中远期内,还将启动滨海湿地保护区。当然,现有的海洋保护区仍然数量不足,难以支撑渔业可持续发展和生物多样性保护的需要。在下一阶段的发展中,我们要以恢复生物多样性为目标,着重保护鱼类栖息地环境。例如,舟山曾经在南麂列岛马祖岙海区进行了铜藻场重建工作,在保护区浅海海域、人工鱼礁附近海域建设了若干个人工海藻场④,这些生物工程能够为海洋经济的可持续发展提供稳定的生物资源。

　　同时,生物多样性的保护与海岛开发密切相关,因为海岛开发会改变海洋生物的生境。我们固然不可能禁止对海岛的开发利用——这不仅会限制地区经济发展,也会使环保政策难以推行,但可以对海岛进行"保护性开发"。对于那些会改变海岸和海底地貌的开发项目要予以严苛限制,对于那些不具有开发资质的企业和个人也要严格限制,禁止破坏型的非法开发行为的滋生。在对海岛周边海域的开发中,则要禁止以

　　①　沈承宏.把舟山建成全国现代渔业强市[N].中国渔业报,2011-08-08.
　　②　全国海洋功能区划(2011年～2020年)[N].中国海洋报,2012-04-18(005).
　　③　林金兰,陈彬,黄浩,等.海洋生物多样性保护优先区域的确定[J].生物多样性,2013,21(1):38-46.
　　④　孟范平,刘宇,王震宇.海水污染植物修复的研究与应用[J].海洋环境科学,2009,28(5):588-593.

建设实体坝方式连接岛礁,而对于无居民海岛及其周边海域的废水废物倾倒问题也要做到严格控制。在这个动态过程中,把海岛保护与合理开发这两者结合起来,最终实现海岛保护与开发的双赢互利[1]。在海洋生物多样性的保护实践中,既要看到"保护"的重要性,也要注重"经济发展"的重要性,"在保护中开发,在开发中保护"才是切实可行的办法。另一方面,推进保护海洋环境的工作离不开民众的支持。对于当地渔民来讲,只有在经济发展、收入增加、生活质量提升的情况下,他们才能有更多精力和积极性来保护海洋环境,配合相关海洋政策[2]。否则,他们会为了自身经济利益而成为海洋生态环境和生活多样性的破坏者。因此,我们还应加强海洋环境教育来提高民众对海洋保护的认知以及自觉行动的能力。调和开发和保护之间的矛盾,兼顾两方面发展将是未来舟山修复海洋生物多样性、促进海洋经济发展过程中需要重点解决的问题(见图6.2)。

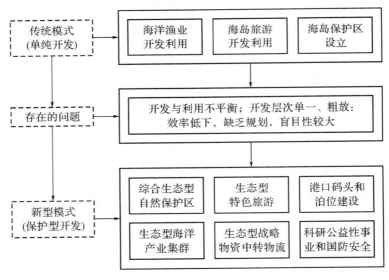

图 6.2　保护型开发方式示意图[3]

---

①②　张丽君.从海洋生物多样性保护看我国海洋管理体制之完善[J].广东海洋大学学报,2010,30(2):15-17.

③　孔梅,黄海军.海岛开发活动的环境效应评价[J].安徽农业科学,2010,38(19):10184-10185.

　　海洋生态系统的修复也是保护海洋生物多样性工作的重心。建设人工岛是运用科学技术来提升海洋生态环境承载力的基本措施。基于海洋的开发工程和资源开采活动,我们可以讨论如何采用高科技来强化海洋生态工程建设①,建设人工岛。以我国南沙岛礁扩建为例,该工程通过技术模拟自然中海洋暴风浪的搬运生物碎屑的功能,利用挖泥船吸送潟湖中松散的珊瑚沙砾,形成潮上陆域平台,并结合大气、雨水、阳光的淋溶淀积作用,辅之以人工加速措施,逐渐形成围绕珊瑚礁的绿色生态系统,并将其以接近自然的方式转化为海上绿洲。整个过程对珊瑚礁生态环境的影响是局部的、可控的,因而也是可恢复的②。可见,通过科学合理的规划设计,人工岛本身就可以成为独立完备的生态系统,且绿地和水面新增的碳汇可被其本身吸收消化,从而实现低碳生态的理念。

　　在舟山地区,建设人工岛已经有很长的实践历史。离岸式生态型人工岛的建设有助于修复海岸线,搭建出人工的海洋生物栖息地。这一方面可以弥补人为开发活动带来的生物栖息地损失;另一方面,生态人工岛也可开发成为新兴的生态旅游资源,进一步促进地区的海洋经济发展,为设立海洋生态保护区和恢复海洋生态系统提供人造空间。而且,目前的工程技术多基于人与自然和谐的理念,在人工岛的安全性、生态环境修复方面已经趋向成熟。对人工岛的设计要基于科学论证,确定人工岛的功能目标是以发展旅游业、渔业为主,还是以石油等矿藏开采活动为主。在此,人工岛的开发要估计科学性③和生态性。人工岛建设需要涉及多个过程,因而从论证、立项、规划到具体建设和使用,都应遵循科学性、生态性和系统性的原则。

　　由于人工岛建设对海洋生物的作用是长期性的,因而其建设应该始终基于人与自然和谐的理念,统筹规划人工岛填筑、护岸和岛陆交通联系这三个部分,实现综合开发与保护相结合。目前,人工岛的建设必然会带来废物倾倒、船舶排放等后果,如果不能合理处理这些后果,就必然

---

① 贾欣.海洋生态补偿机制研究[D].青岛:中国海洋大学,2010.
② 国家海洋局.南沙岛礁采用"自然仿真"方法　不影响生态环境[EB/OL].http://www.guancha.cn/Science/2015_06_19_323942.shtml,2015-06-19.
③ 薛永武.人工岛建设的原则与文化元素[N].中国社会科学报,2012-04-02.

会对海洋生物带来危害。因而在人工岛建设中,海洋行政主管部门以及海监机构要对人工岛的建设和使用实施全过程管理①。在资源开发中,要多利用风能、太阳能等低碳化能源以减少有害物质的排放,尽量利用原生态的自然元素营造出海洋生态环境。人工岛的设计还应体现出系统性原则,要在数量和密度上达到适度,使之能够产生共生效应。在这过程中,要对人工岛旅游进行综合规划(包括海上运动、滨海浴场、海底观光),将人口岛建设与旅游客运和空中观光特色结合起来形成特色。

---

① 薛永武.人工岛建设的原则与文化元素[N].中国社会科学报,2012-04-02.

第七章
海洋生态保护与政府公共管理

　　由于 21 世纪以来所出现的海洋生态环境的恶化在很大程度上是由人类行为所导致的,对人类行为进行改造并设立相应的法律法规来制约人类的非理性行为就成为海洋生态保护的重要方面。这要求我们从政府管理的角度对生态保护进行讨论。虽然在大自然面前人的力量是微不足道的,其对于海洋环境的影响仍然十分有限,但降低因人类行为和社会活动对生态环境造成的负面影响,缓解由人类对自然界的掠夺性开采所形成的恶果,是我们目前面临的一大艰巨任务。因此,海洋生态的保护和修复既要采取技术的手段和政策措施,也要考虑到各种社会因素对于海洋生态保护的影响。人类社会可以通过积极的行动来保护环境,并运用公共管理的各种手段推进各级政府的行动,通过影响政府的政策制定的行动来追求生态保护的目标,减少人类活动对自然的危害。这一讨论将涉及发动群众、环境教育、政府管理、相关法律法规的设立和执行状况等议题。就此意义上说,舟山新区政府的政策制定和管理行为以及公共管理手段的采用等,对于当地海洋环境的保护都具有重要意义。

第一节　海洋生态保护和政府的监管责任

在海洋生态保护的过程中,我们既可以采取行政监管的手段,也可以通过推进社会组织的行动或宣传海洋文化的手段来形成政策议题,并通过大众媒体的手段来产生社会影响,还可以通过政府的法律法规来约束人们的行为以取得海洋保护的积极成果。在这些活动中,我们首先要讨论政府在此过程中所起的重要作用。这种作用可以是直接的,也可以是间接的;可以通过公共投资直接形成改造海洋环境的项目,也可以通过鼓励其他社会组织来开展相关工作,并通过各种优惠政策予以支持。可见,政府可以对海洋环境的使用项目进行组织、指导、协调、控制和监督,也可以通过法律规则和政策制定以及发展规划的设置来影响社会组织的行动,从而实现海洋环境保护的目标。

具体地说,政府对于环境保护的作用可以通过以下途径来实现。首先是区域发展规划的制定。在海洋环境的保护中,政府在发展规划的设立、海洋功能区划的划分、生态红线的设立、保护区的设立等方面拥有一定的权限。2012 年,国务院批准了《全国海洋功能区划(2011—2020年)》。2015 年,国务院颁布了《全国海洋主体功能区规划》,这一规划既对中国实施海洋强国战略的建设、海洋经济的发展和海洋生态的保护具有指导作用,也对舟山新区开展海洋建设和构建海洋生态保护示范区具有实践意义。切实地实施相应的规划可以对确保海洋生态平衡和生物多样性起到保障作用,而且当地的渔政、船政、海上旅游等部门据此设立的发展纲要和五年发展计划,也对推进舟山地区海洋发展总体规划和蓝图建设产生了积极影响,并为地方的经济活动和区域开发活动提供了基本的原则。

其次是公共财政的投入。在大力推进走向海洋战略的过程中,政府的资金投入、信息投入、技术投入对于开展各种海洋保护项目具有实质性的意义。政府可通过公共财政的投入和海洋保险等手段,来推进海洋保护建设并降低环境问题发生的风险。在舟山,政府可以基于公共利益开展海洋开发和海洋经济发展的配套项目,并通过公共资源的投入来推进这些项目的实施。近年来,政府在发展海洋经济方面的投入越来越大,设立的公共服务项目也不断增多。这些投入为舟山地区发展海洋经济、实现经济结构转型升级的目标,提供了充分的物质基础和资金基础。同时,政府也从海洋生态的可持续性角度出发制定相应的财税政策、投资政策、产业政策和环境政策,力图通过各种政策工具来确保环境权利的实现。为此,地方政府积极进行产业引导,推进海洋可再生能源的发展和海洋生物制品的培育,从而推动整体上有利于海洋生态环境保护的企业行为。同时,政府也设置相应的产业政策来鼓励拥有高附加值的海洋产品的开发,推进海洋医药产业的发展,力图使这些基于海洋维护的行动能够有利可图,形成并拓展相应的产业链和海洋产品开发市场。

第三是落实政府监管的作用。在舟山地区,近年来政府大力加强海洋监管的力度、理顺管理体系,针对海洋问题实施专项管理,以政策引导海洋产业向有利于海洋生态平衡的方向发展。除了确保有利于海洋生态项目的顺利运行,政府组织也规范海洋保护社会组织的各类活动,对于海洋事务加强环境监测,预防海洋灾难的发生并减少灾害损失,监测海水状况的变化并对海洋环境违法现象实施行政执法。政府组织可以对违反这些公共利益的行为或实践活动进行处罚,也可以开展相应的海洋渔政执法活动,从而使我们的海洋保护活动有法可依、依法办事,并最终实现整个社会的公共利益。无论是以直接投入还是间接参与的方式,舟山政府对海洋生态建设项目的运行以及各类海洋保护社会组织活动的开展都发挥着积极的监管作用。

在与海洋相关的政府管理事务中,不同部门监管不同领域的资源,海洋资源利用与环境管理也实行专项建设和部门管理。这使得包括环保、海洋、水产、交通、水利、盐业、旅游、矿产等部门在内的政府机构,能够充分地运用其所具有的执法权和监督权来尽到海域保护的公共责任,运用行政力量惩处破坏生态环境的企业和个人,禁止其严重污染海洋环境的行为,强化政府的行政监管和行政执法水平以全面保障各类海洋活动的规范性。同时,近年来政府在维护生态红线方面的工作对于海洋生态保护也产生了积极意义。在此,政府应鼓励通过保险的方式来减弱野蛮开采和掠夺性开发带来的危害。

当然,近年来舟山政府在海洋环境管理能力得到提升的同时,也仍然存在一些政府管理上的问题并受到人们的诟病。在管理功能上,人们批评各政府部门之间职能重叠、管理交叉,进而导致当有利可图时互相争抢执法、无利可图时就无人执法的不良现象逐渐增多,行政执法工作的漏洞也加剧了海洋生态保护法律法规难以有效实践的情况。此外,这些部门之间缺乏联合执法的机制和手段,跨部门的海洋执法问题难以协调,以致执法力量薄弱。另外,政府在监管和执法过程中常常运用强制性的行政命令、指示、规定等措施。采取这些行政手段固然能够及时发挥一定的作用,但如果过多运用行政手段,也会出现企业和个人对政府产生行为依赖并形成被动、消极的意识。而且,长期以来我国对公共物品监管成为政府的特权,市场和社会力量则被排除在公共服务领域之外。这既造成了在公共领域中的投入不足和资料匮乏现象,也造成了权力寻租和由于缺乏竞争而带来的低效率问题。

为此,我们要强化海域环境的保护,一方面要大力提升公共管理的效力,加强法治原则,规范在治理海洋违法行为活动时应该承担的法律责任,要切实落实地区政府的海洋环境责任,强化立法机关的政治问责机制、完善司法机关的法律问责机制,使政府及其相关部门的法律责任具有可操作性①。同时,要加强对政府及管理者在海洋环境保护方面的绩效考核,强调舟山市政府在海洋开发战略中所应承担的相关责任,并将海洋环境状况作为管理者升迁考核的重要指标,将其纳入政府及管理者的长效考核机制之中。另一方面,要搭建传媒与公众的社会问责机制,构建"政府—市场—社会"三位一体的多元化供给格局,并在三个供给主体之间进行合理的分工,防止政府组织为所欲为的权利任性。这也是解决政府供给低效率问题的有效途径之一②。因此,舟山政府要扮演

① 许继芳.政府环境责任缺失与多元问责机制建构[J].行政论坛,2010,17(3):35-39.
② 蔡彤.公共物品供给模式选择与政府行为负外部性的防范[J].经济管理,2005(16):92-96.

好政府管理的角色,积极调动和利用市场及社会力量参与到海洋环境保护工作中,从而缓解政府供给不足、低效率和寻租等政府公共物品供给的负外部性问题①。

在组织和管理过程中,我们也要意识到海洋环境的保护仅仅依靠相应的法律法规来约束人们的行为是不够的,要充分考虑通过利益机制的设立来调整人们之间的利益关系。要提升人们参与环境保护活动的积极性,使人们或社会组织以及企业和公司都能够自觉自愿地行动起来推进海洋生态保护。在海洋的开发利用中,要通过科学界定海洋环境的使用权和利益相关者、建设海洋环境信息公开平台等多种方式,激发市场和社会组织参与海洋环境供给的积极性。同时,也要充分利用市场机制的运作来鼓励海洋生态的保护,使政府所代表的公共利益与民间或企业所追求的经济利益能够进行挂钩。通过公共资源的支持来发展与海洋相关的高科技产品是舟山市经济结构转型升级的一条有效路径,也有利于舟山经济的长期发展。与此同时,要制定供给和管理海洋环境资源的相关标准,对市场和社会资源的供给进行有效监督②。通过采用政府购买服务、特许经营、税收优惠、财政补贴、志愿服务等多种方式,提高市场和社会参与海洋生态建设的兴趣,从而为海洋开发和海洋保护工作提供充实的经济基础。

最后,无论是政府还是非政府组织和机构,都要树立并践行可持续发展的理念。在舟山新区发展海洋经济的政策中,政府不仅要有效地执行有关减少海洋污染和维持其生态平衡的强制性规定,更要限制地方经济发展带来的对环境保护的副作用,树立海洋开发与海洋环境保护相结合的可持续发展理念。当然,政府所制定的相应的发展战略,要有助于实现海洋生态保护的理念,将海洋经济发展与海洋环境保护置于同等重要的位置。此外,政府也要通过实施海洋生态政策给予当地居民和周边群众相应的利益激励,从而使海洋生态建设能够获得当地群众的支持。这些政策措施的实施都要基于公共利益,从海洋发展及海洋资源的长远

① 程建华,武靖州.我国公共物品低效供给的表现与对策[J].农村经济,2008(2):6-10.
② 洪必纲.公共物品供给中的寻租治理[J].求实,2010(11):77-79.

利益出发来确保海洋生态环境建设,保障社会民众的公共利益。

第二节　环境权利与生态补偿

开发海洋和合理地利用海洋是一种公众权利。海洋环境属于公共物品,其消费具有非竞争性和非排他性。政府作为社会公共利益的代表,在防止资源的滥用、推进公共资源的可持续发展以及赢取环境权利的公正方面都承担着主要责任。但政府也要保障人们作为个人或经营者所拥有的环境权利以及正当的享有海洋资源开发和资源利用的权利。在推进海洋保护的行动中,政府在设立相应的项目规划和规则时,要充分考虑到环境正义原则以及个人与组织机构所拥有的环境权利。即,任何人和组织都可以在彼此没有相互竞争的情况下享有海洋环境带给我们的一切而不需要承担成本①。因此,海洋环境的保护者(包括政府组织)不能独享其保护环境活动所带来的利益,因为一些人在享用海洋环境时无权排除其他人同时享用海洋环境。这使环境公正和环境正义等概念在探讨海洋环境保护的议题中十分适用。由于人们很难通过市场机制来实现海洋资源的合理配置,从而需要政府的规划和政策的保障,但海洋环境的公共性和共享性使这一权利必须是为全社会的所有人共同享有的。

在采取各种政策手段来推进海洋保护的权利时,必须遵循法制原则,采用法律得到有效手段来推进。要确保一系列国家和地方政府制定的有关环境保护与海洋生态的法律得到有效实施与执行。这些环境权利的内容体现在《宪法》、《环境保护法》、《海洋环境保护法》、《土地管理法》、《森林法》、《自然保护区条例》、《国务院关于环境保护若干问题的决定》等法律法规中,有的也体现在《渔业法》、《海域使用管理法》、《海岛保

---

① 王琪,张德贤,何广顺.海洋环境管理中的政府行为分析[J].海洋通报,2002,21(6):60-67.

护法》中①。同时，各地政府也设立了一些原则性、指导性的规定，如浙江省人民政府 2001 年出台的《关于加快渔业经济发展的通知》、浙江省海洋与渔业局《关于浙江省海洋捕捞渔船报废和转产转业专项资金管理办法（试行）》、江苏省海洋与渔业局 2001 年出台的《江苏省海洋捕捞减船转产试点方案》等，以及 2005 年 8 月浙江省人民政府《关于进一步完善生态补偿机制的若干意见》（此后海南省、山东省等相继公布了其生态补偿的政府规章）。这些法律法规都为确保海洋生态权利和生态保护提供了依据②。

在这些法律法规的实施中，各地可以根据当地的实际情况来进行具体操作，因为这些法规大多是原则性的规定，这就为各地发挥其自主能动性来开展执法工作留下了广泛的空间。例如，我国颁布的《中华人民共和国海洋环境保护法》（2013 年修订），其在实施过程中还存在多个环节的立法空白等问题，并且也缺少相应的行政法规予以补充。这就要求各地方政府制定相应的实施细则或者地方规定来补充完善。举例来说，为了实施浙江省于 2005 年发布的《浙江省人民政府关于进一步完善生态补偿机制的若干意见》，舟山市人民政府在 2006 年颁布了《舟山市人民政府关于进一步完善生态补偿机制的实施意见》。这些实施意见把法律规定的原则进行具体化，增大了法律法规实施的可操作性。也有一些地方政府实行阶段性立法。由于一部法律的出台涉及多方面的复杂程序，因而开展阶段性的立法推进既可以在一定程度上满足和缓解生态补偿的迫切需要，又可以按立法步骤建立可靠的法律条例。这些方式可以推进海洋环境保护的法律基础建设。

当然，受法律规定的原则性和法律实施的具体性等特征的影响，在政策和法规的执行中也会出现一定的跨地区的差异和随意性。例如，在海洋生态补偿问题上，目前已经有原则性的规定，但各地执行的补偿标准不一，补偿资金不足，缺乏长效的补偿机制。而在补偿主体、补偿标准

---

① 程功舜.海洋生态补偿的法律内涵及制度构建[J].吉首大学学报（社会科学版），2011，32(4)：123-127.

② 孙新章，周海林.我国生态补偿制度建设的突出问题与重大战略对策[J].中国人口·资源与环境，2008，18(5)：139-143.

等问题上也有很大的随意性,这给地方环境治理带来了困难。而且,法律制度和机制的不健全乃至缺失使得地方性的海洋生态补偿活动难以取得依法推行的执行效率。从全国层面上看,我国没有一部统一的专门关于生态补偿的法律法规,相关规定散见于各项具体的法律中,而且可操作性很弱①。在一些情况下,政府颁布的有关生态补偿的政策条令因缺少明文规定的具体实施方法而缺少实践性和可操作性,也有一部分相关政策因针对对象单一而难以在更广的范围使用。

以生态补偿问题为例,其基本原则是"谁利用,谁补偿""谁受益,谁付费"和"污染者付费",但目前的生态补偿机制还很不完善,大多是以项目工程的方式组织实施。而且,相关规定尚未形成有效的利差驱动机制,因此难以对人们影响生态环境的行为进行相应的奖惩或补偿,也难以使生态环境的保护者、公司企业和各种环境开发者和利益受损者都能够通过补偿机制来自觉地保护环境。此外,目前有关生态补偿的法律规定中极少涉及对海洋生态系统的补偿方法。随着海洋环境破坏不断加剧,生态修复难度增大,保护海洋生态的需求不断增加,然而政府在健全海洋生态补偿机制的法律法规体系方面的建设还十分有限,仅仅涉及关于法律权利的抽象的或原则上的规定。

在生态补偿机制的运作中,用于海洋生态补偿项目的资金主要来自国家财政、企业投资和社会救助这三个方面。从目前的实际执行情况看,国家的财政拨款是生态补偿的主要资金来源,而来自其他主体的资金收入则明显不足。这使政府在生态补偿机制的运作过程中成为补偿者与受补偿者之间的中介,使受补偿者只能被动接受政府规定的补偿标准和补偿方式等,缺乏与补偿者进行协商、直接谈判的机会,也缺少与政府进行讨价还价的机制,从而挫伤了他们参与海洋生态补偿工作的积极性。从原则上说,这一机制要能够激励民众参与海洋生态环境保护和遏制不法破坏环境的行动②,然而在现实的执行过程中,由于利益受损者

---

① 祝光耀.建立生态补偿机制　推动生态保护与社会和谐发展[J].环境保护,2006(19):9-11.
② 赖力,黄贤金,刘伟良.生态补偿理论、方法研究进展[J].生态学报,2008,28(6):2870-2877.

和被补偿者常常没有发言权,也不能有效监督这一机制的运行,因而影响了他们参与的积极性。其结果是,出现了生态破坏的代价主要由渔民或农民负担而政府和企业作为开发者却成为最大受益方的现象,形成生态利益的维护者承担环境破坏的代价而资源开采者成为受益方的不合理局面。

为了矫正这种弊端,各级政府进行了各种尝试,力图通过多元化方法来解决这一矛盾。按照相关的法律,滩涂围垦必须进行生态补偿。这一方面可以通过提高填海活动成本来遏制大规模盲目的由经济利益驱动的填海活动,另一方面也要尽可能恢复海洋的生态服务功能。鉴于此,政府要对环境受益者和污染者进行收费,并把这部分经费用于对海洋生态系统的保护者和利益受损者进行补偿。在此,一般的利益损失包括因围海造陆等开发活动给海洋带来的资源减损和环境污染、居民乔迁的经济损失以及发展机会成本等;而直接性的海水污染、海产品资源减损、水体富营养化和间接性的空气净化、气候调节、科研娱乐等方面的利益损失,则要通过生产效应和生态破坏程度等方面进行确定,从而确保与民众切身利益相关的生态环境权利能够实现。

发展生态补偿机制一直是舟山新区政府高度关注的事宜。其生态环境补偿主要存在于两类项目中:一是涉海工程的环境补偿,二是滩涂围垦项目的补偿。自 2007 年以来,舟山市领先于全国全省对涉海工程的海洋生态补偿进行探索,对海上爆破和围填海这两种对海洋生态环境危害较大的工程项目实行海洋生态补偿机制,并于当年完成 18 个海洋工程项目的生态补偿,协议补偿资金 1833 万元,而这些资金在政府的督导下被分批分期用于海洋生态修复。在农业部于 2008 年出台了《建设项目对海洋生物资源影响评价技术规程》后,舟山在市级全面实施了涉海工程海洋生态补偿制度。例如,在虾峙门 30 万吨级航道工程、象山港航道倾倒区工程及条帚门航道工程等大型海洋工程项目中,率先按要求实施海洋生态补偿。据统计,2008 年至 2013 年 7 月底,舟山市共签订涉海工程海洋生态补偿合同 183 份,合同金额 8620 万元到位率约 1/4,其中在执行交通部的虾峙门 30 万吨级航道工程项目实现了"部省领导满意,当地政府满意,海洋管理部门满意,业主满意,相关利益者满意"的成果①。这些举措主要是给受工程建设影响的渔民及利益相关者以一定的经济补偿,不仅保证了重大工程的顺利开展,也促进了社会的稳定。

对于滩涂围垦项目的补偿方面。在舟山新区现有的滩涂围垦开发模式大致可以分为四类:一是因临港工业等项目落地的需要,以及岸线使用、码头建设的需要而实施的小面积围垦,这类围垦基本上都由企业自己负责实施。二是由纯民营企业或者政府持有部分股权的民营企业直接实施围垦,围垦成陆后政府再根据招商引资企业的落地需要予以回购。三是由政府成立指挥部实施围垦,围垦成陆后交付开发区进行后续的开发,如钓浪、钓梁围垦、小郭巨围垦。四是由国资为主成立股份公司直接实施围垦及后续的整体开发,如东港一、二期围垦项目。在这些项目中,除了政府组织围垦之外,也有需要用地的相关企业、直接投资的民营企业,以及政府控股的企业。因而,围垦项目的利益受损方除了国家政府,还有当地渔民、居民以及相关工业企业等。

由于围垦项目的实施者和获利者逐渐多样化,补偿主体和利益受损方也随之多样化,使得政府补偿手段的运行出现困难,因此产生了运用市场机制进行补偿的需要,同时这也为运用市场机制进行补偿提供了条件。根据《浙江省滩涂围垦管理条例》,非国有资本可以投资滩涂围垦,并可获得相应围垦土地的使用权。但是,在海洋部门审批围垦项目的过程中,要求所申请的围垦项目的执行由政府为主组织实施,实行国资控股②。因此,在环境补偿方面,以往对于经济利益受损者的补偿主要是以政府手段为主的,但目前正逐渐转为向相关责任人收取补偿费、征收补偿税,推进由相关企业来实施生态修复的做法。在广泛采纳各方建议的基础上实现对海洋生态保护者和受损者的合理补偿,真正做到"谁受益,谁补偿""谁保护,谁受益""谁贡献,谁得益",从而真正落实公众参与到以政府为主导的海洋生态补偿机制中去。由于政府是公共利益的代

① 丁建伟. 舟山市海洋生态补偿的实践和探索[J]. 渔业信息与战略,2014,29(2):92-97.
② 舟山人大. 舟山市人民政府关于全市海域使用管理和滩涂围垦情况的报告[EB/OL]. http://www.zjzsrd.gov.cn/zsrd/changweihui/changweihuihuikandi6_7_8qi_zongdi/2014/0113/1058.html,2014-01-13.

表者,对一些难以界定产权或者受益范围广的海洋生态资源,可由国家或者政府给那些为增强海洋生态系统服务功能做出贡献或遭受损失的利益主体进行补偿,此外,政府可以采取环境税的办法对污染制造者予以罚款等惩罚。政府可以按开采规模向开发利用资源的单位适当征收生态保险金,用以应对现有的和未来的生态保护建设。

同时,舟山市政府正在帮助确定利益相关者以及促成相关方协商和谈判等方面展开努力,并尝试构建海洋生态补偿平台来推进补偿机制的发展。舟山市政府一方面要通过海洋生态资源产权交易市场来筹措资金,确认利益受损者;另一方面,要与人民群众一起搭建有关海洋生态环境补偿活动的沟通互动平台,利用这一平台发布相关信息并组织各利益主体进行谈判,监督和敦促补偿者积极履行补偿义务。这一透明信息平台的搭建也为公众自由发表建议和意见提供了条件,有助于政府及时获取公众意见。此外,政府也要积极鼓励和争取有关海洋生态保护的非政府社会组织以及国际组织力量来扩充补偿资金,并采取优惠政策推进有关环保产业领域的资金融资,大力扶持绿色生态产品供给企业和单位的发展[1]。在对一些产权清晰或者利益相关方明确的海洋生态系统的保护和破坏活动中,舟山政府应明确海洋生态资源的产权归属和利益主体,积极组织各利益相关方展开谈判和磋商。通过建立海洋生态资源交易平台以促成补偿者与受补偿者之间能够通过市场机制来实现生态补偿。

生态补偿是公共管理的一个有效政策手段。它能够动员全社会增强各利益方对海洋生态补偿的支持力,提高利益相关各方的补偿意识,促使社会各阶层和公众能够积极参与到海洋生态环境保护和建设中去。这些补偿不仅是对利益相关者受损状况的补偿,更是对海洋修复资金的补偿性投入。不过,生态补偿是一个复杂的利益再分配工程,建立完善高效的海洋生态补偿机制不仅要调整好涉及各方利益的制度政策,也要进行群众立法,积累各地方实践经验并进行推广。目前,我国已有的处

① 尤艳馨.构建生态补偿机制的思路与对策[J].地方财政研究,2007(3):54-57.

于起步阶段的生态补偿研究和实施多以陆地自然生态系统为实施对象，而对海洋生态系统的补偿活动展开深入理解并进行研究的则较少。且由于单一的补偿方式难以弥补其对海洋生态系统的破坏和利益相关者造成的损失，因而生态补偿的方式往往是多样化的，政府及其相关部门的补偿可以是货币，也可以是实物补偿等其他形式。

从舟山市区域发展的总体规划进行展望，如何通过人口流动限制来满足当地生态发展体系的要求，是值得该地区探讨的一个问题。目前，舟山对于渔民的补偿应采取多种补偿方式并举的原则，在给予渔民一定的资金补偿的基础上，注重对其生产能力和发展机会的补偿，加强对渔民进行职业技能培训，并为其提供一定的就业岗位。同时，也可以发展股权补偿的形式，将当地居民或渔民遭受的损失折算为股权，入股相应的围垦专案。这种形式也为保障渔民最低生活需求、帮助其进行转产提供了基础，当然，政府也要增强对渔农民的转产优惠政策的扶持力度。这些补偿措施有助于渔民进行海洋生态补偿活动，例如通过增殖放流来实现海洋生态的补偿，使得舟山海域的渔业资源有了显著增加。根据舟山渔业捕捞统计，近年来，日本对虾、黑鲷和大黄鱼等产量均较往年有所增加并呈逐年增加的趋势。增殖放流还改善了舟山海域生态群落结构，这对于进行海域生态环境的修复具有积极意义。通过这几年的增殖放流工作，舟山海域渔业资源量和多样性正趋于稳定改善，其带动了海钓业的发展，促进了海洋旅游及相关产业的发展[1]。

第三节　加强跨区域合作，健全区域管理体制

海洋具有很强的流动性，对于海洋的管理应进行跨区域跨流域的动态管理。海洋生态保护的这种区域性特征也给加强区域合作和合作执法提出了新的要求。这一合作机制的建立有益于建立起各区域和各个

---

① 丁建伟.舟山市海洋生态补偿的实践和探索[J].渔业信息与战略，2014,29(2):92-97.

产业间的利益平衡,通过综合考量各方面的利益使管理体制能够协调运作。由于大气、水体等环境要素具有自然流动性,现今的环境问题已经不仅仅存在于各区域内部,而逐渐向区域外扩散,呈现出整体区域性的环境问题。因此,流域生态环境和海洋生态环境都会具有明显的区域性。在此,传统的依托行政区划的管理体制就难以满足现实管理的需要。长期以来,我国采用传统的行政区划作为环境管理的行政单元,由各地方政府独立对其行政区划内的环境质量负责。由此,"基于生态系统的"区域环境与"基于行政区划的"政府主体之间的不对称,导致同一海洋区域、同一流域被不同行政区划分割管理。这种不对称状况给管理体系的正常运行造成了种种矛盾。

从实际情况看,目前,我国建立的中央、省、市、县四级海上执法力量常常会引起不同行政区域之间在海洋生态保护方面缺乏有效的互动,从而增加海洋环境执法的协调困难。由于区域污染往往涉及多个行政区域,且环境质量状况不只是取决于本地污染和环境修复程度,而往往会受同属一个环境区域的其他行政区域的环境行为的影响,这使得单个或者部分地方政府的环境保护行为成效难以实现[①]。同时,环境的公共性和外部性特征致使一些地方政府采取"搭便车"的行为以节约自己的环境保护开支,他们常常把环境污染的代价转嫁给外地,并形成负向淘汰的机制。这在客观上不利于地方政府积极推动生态环境保护行为。解决这些问题要求我们设立能够与海洋生态保护目标相契合的分工合理的协作机制,以生态系统和功能区划作为区域协调的基础,突破行政区划的限制,改变以行政区域划分为基础的传统,从而实现对海洋污染进行局部控制和污染的监控管理。

以海水污染和渔业资源的保护为例,渔业生产状况取决于整个海域的大气、水文、生物回流和栖息地等因素。一个区域生态系统平衡的破坏会对整个区域产生广泛影响,而且,这种生态破坏的效应可能是长久的,在空间上也会是扩散的,若管理不当会导致生态系统的不断退化。

---

① 万薇,张世秋,邹文博. 中国区域环境管理机制探讨[J]. 北京大学学报(自然科学版),2010,46(3):449-456.

此外，一地放养的鱼苗会在另一地被捕捞，给海洋渔业资源造成破坏；只有区域中的全体民众共同努力，才能够解决海洋生态保护的问题。随着生物栖息地不断减少和新区内污染物排放造成的海岸污染加剧，海洋生物多样性会不断减损并给整个海域的海洋生态系统带来巨大危害。这就十分需要在渔业资源保护问题上实施跨区域合作。跨区域的生态环境保护要求各行政区域政府根据国内的法律法规和国际上通行的管理规范来进行海洋生态的管理，进而促使我们的海洋保护政策具有全局性、系统性、协调性和科学性。

因此，在海洋生态保护的管理中，设置跨区域的海洋环保项目，推动区域管理或合作主体的政府间协调，促使政府各部门建立起高效的协调机制就显得非常重要。为此，各地政府要建立政府间协调机构，使其成为该区域中能够得到各地方政府认同的权威的、高效的合作组织，成为有效解决区域环境管理问题的组织机构[①]。我国《海洋环境保护法》规定，跨区域的海洋环保项目要由地方或上级人民政府进行协调实施，以便解决跨区域的环境问题[②]。这些机构要能够以区域为单位建立各区域环境的环境管理委员会，负责区域内各个政府间的信息传递任务，组织各方进行沟通和协调等工作。在进行协调管理中，要特别强调生态平衡机制的维护，各区域不能基于地方利益进行片面的开发。这就对强化不同地区、不同行业、不同部门以及不同主体之间的协同提出了更高的要求。

为满足这一需要，各区域要进一步强化海洋开发中的科学研究进程，强调产业、科研和政府管理三方的协同。海洋开发和海洋经济的发展，特别是作为新兴行业的海洋医药和海洋制品的发展，在很大程度上取决于科研水平。在考虑海洋生态环境所覆盖的范围及与其他地域的相关性的时候，我们要科学地考察相关区域内各方面因素的共同影响。对于海洋保护状况的分析、潮汐的分析等也都需要通过科研进程来测定

---

① 王琪丛，冬雨.中国海洋环境区域管理的政府横向协调机制研究[J].中国人口·资源与环境，2011，21(4)：62-67.

② 杨波.船舶油污侵权责任制度研究[D].上海：上海海事大学，2005.

和监控,因而要广泛地设立能够反映整个东海海域生态状况的科研观察网点,并且要使科研进程与政府的管理机构和企业的生产过程相互协调,从而形成综合的生产力来发挥海洋生态环境保护的作用。这就需要我们充分了解特定海洋区域内生态环境的基本状况及其历史变化,在全面考察其中心和边缘的生态情况的基础上进行科学规划。目前,舟山地区已有浙江省海洋观察站、浙江大学海洋学院和浙江海洋大学,也有一系列研发中心以及海洋医药制造企业,这些都为在舟山形成跨区域跨行业的海洋生态保护研发基地创造了一定条件。但是目前有关科研、产业和政府的协调合作发展还十分有限,仍然需要各地区政府、企业和个人的共同努力。

由此,要想提高舟山地区海洋生态保护的有效性,则需要在政府管理中强化跨区域间的合作,特别是长江流域和钱塘江流域的治理和生态补偿,其对于东海区域的海水状况的改善具有关键意义。通过完善区域环境管理运行机制(包括信息沟通机制、协商机制和利益协调机制)来建立以区域生态补偿为基础的利益补偿机制尤为重要,只有处理好各地方政府间的利益关系,实现各种利益在地方政府间的合理分配、地方政府间的合作协调才能顺利进行。要强化各地方政府对于当地流域的污染治理,就要设立区域环境管理委员会,各地方政府之间也可以通过签订合同来规范和约束各方的行为,订立的契约合同需要具有灵活性,同时也应能够充分调动各方主体的积极性和主动性。为此,尽管舟山新区政府对于加强新区内海岛和海域的整治及科学管理具有核心作用,但要想达到生态环境保护的总体目标,还需要新区政府通过与区域内其他城市的统筹兼顾和协调才能实现。

从国际经验看,一些发达国家已出现以生态系统为基础的区域协调机构,以实现环境污染的局部控制与区域管理的整合。这些机构突破了行政区划的限制来治理环境问题,其强调区域环境管理与合作机制可从整体利益出发,整合各个子辖区的利益,通过合理分工和协调合作共同促进整个大区域的生态环境的改善。而在我国,跨区域的环境保护行动正在逐渐形成,例如浙江省和安徽省在钱塘江流域进行的生态补偿就是其中之一①。但这些努力仍处在尝试中。对于舟山来讲,要建立从舟山海域入海的三大流域的环境管理委员会,赋予国家海洋局东海分局相应的权限和职责,使其承担起东海海洋环境管理委员会的职能。同时,在考虑舟山的发展目标时,既要整体地考虑舟山渔场深海区域和舟山群岛沿岸的情况,也要考察宁波和上海作为舟山群岛"后院"的状况,注重舟山市与上海和其他内地城市的合作与互动,从而建立起杭州湾区域相关机构的相互协调,也做好相关区域内众多港口间的功能互补和协调。

第四节　公共参与

尽管海洋生态治理工作是一份严谨且具有高技术含量的事业,但它同样需要有群众基础及社会各界的广泛参与。公众的支持对于政府项目的成功实施是至关重要的,只有在赢得民众支持这一基础上,现有的生态环境的监控体系才能发挥出其社会性的作用,并且与地区经济发展的长远目标相契合。因此,推进舟山新区的海洋环境保护工作,不仅需要舟山政府的引导和监管工作,更需要社会全体成员的共同努力。政府组织的引导、民间组织的参与和全体公民的介入,是形成海洋环境保护的社会行动网络的前提条件。为了实现这一目标,政府各部门要大力推进社会各方主体积极地参与到海洋环境的保护中来,并在以下几个方面做好工作。

一是进行法制教育,强化海洋文明意识,防止滥捕滥捞,防止对海洋环境的破坏,在海岛建设方面也要能够尽量维护其原有的自然状态。公众参与管治海洋环境的行为直接受到其海洋环境保护意识的影响②。积极的海洋环境意识能促使公众参与海洋环境治理,并增强其参与的效果。传统的以政府为主导的公共管理方式造就了我国公众的主体意识

---

① 王奇,刘勇.三位一体:我国区域环境管理的新模式[J].环境保护,2009,42(13):27-29.
② 曾莉.公共治理中公民参与的理性审视——基于公民治理理论的视角[J].甘肃社会科学,2011(1):69-72.

和公共责任意识缺乏,致使公众认为环境保护特别是海洋环境保护只是政府的事情,理应由政府承担责任而与老百姓没有什么直接关系。但事实上,公众往往在自己的经济利益遭受损失时,在万不得已的情况下才会消极地参与海洋环境治理,或者受经济利益的诱惑而进行参与建设,他们热衷于参与损害赔偿就是最好的例证。为此,只有培养公众积极的海洋环境意识,让公众意识到海洋生态环境的状况与其切身利益是息息相关的,将积极参与海洋生态建设与民众自身利益目标相结合,才可能推动实现公众有效参与对海洋环境的治理。

第二,公众参与能力的提高是指在公众掌握相关知识的基础上,使其通过实际参与从而将相关知识内化为能力素质的过程。我们要为提高公众参与效果进行各种努力,使公众感受到自身参与生态保护的社会价值和自我实现,进而激发其参与热情并持续投身到海洋环境治理中来。为此,应该合理奖励环境保护先进事迹,不断壮大海洋保护的队伍[①]。鼓励公众养成海洋环境保护的行为习惯,塑造科学健康文明的生活方式。因此,要做好维护海洋生态、保护海洋环境的工作,有必要引导民众、政府工作人员、企业从人类生存环境的角度来理解这一问题。舟山市政府通过《舟山日报》等主流媒体刊登进行宣传,结合"811"生态文明建设推进行动、创建国家环保模范城市等,运用广告牌、电子屏等开展宣传活动,动员全社会共同建设整洁优美的城乡环境,为舟山新区的下一步发展奠定了观念基础[②]。

第三,强化基础设施的建设,实现海岛花园的建设目标。海岛经济和海洋生态文明建设需要有一系列相关理念的支持。无论是海洋生态保护的硬性机制的发展,还是生态旅游等软实力的构建,均需要与一定的社会项目相结合。我们要改变以往单纯的开发、扩张、追求商业利益的传统海洋文化观,应该进一步推动形成保护生态平衡、科学发展、谋求海洋经济与生态环境相协调的新的海洋文化观,将保护海洋生态作为和

---

① 杨方.公众环境保护意识状况调查[J].河海大学学报(哲学社会科学版),2007,9(2):37-40.
② 笪素林.社会治理与公共精神[J].南京社会科学,2006(9):92-97.

谐海洋文化的重要组成部分①,并通过具体的社会行动来体现这些理念。舟山新区积极地进行绿色生态工程建设的各项社会活动,包括修建生态廊道、沿海防护林、生态公益林等。这些活动所追求的目标是把舟山群岛新区建设成为海上花园城市。它们能够有效地形成舟山现有的海洋文化基础设施(舟山海洋文化中心等),并通过开展各种各样海岛文化建设的活动(包括海岛的绿化、美化和洁化行动),大力开发旅游资源,依托海岛景色和海洋生物资源为基础发展生态旅游业,同时从沿海民俗和海洋文化的角度拓展文化旅游产业,从而成就别具特色的全方面海洋旅游品牌。通过发展旅游经济,来提升舟山的海洋文化内涵,使其成为具有良好的海洋生态环境中的海岛城市范例②。

第四,设立法治机制,对于违法行为进行监督和处罚。由于我国目前社会公众参与环境治理实践主要是由政府自上而下推动的,并且政府推动该项工作的驱动力不是来自于法律责任,而主要来自于对政绩的追求,因此,政府对公民环境参与不但具有绝对的控制权和影响力,而且又显示出一定的主观性、随意性,甚至功利性。为了实现在海洋保护方面公民广泛地参与决策,政府要实现信息公开,并完善生态环境监测预报网络以及海洋环境动态监测网络。当公众参与能为政府及其管理者的政绩服务时,后者便大力支持和推进公众参与;而当公众参与为政府增添了"麻烦"时,政府便剥夺公众参与权利,或者限制公众的参与渠道和参与范围,抑或是将公众参与形式化。这表明,为了实现公众有效参与海洋环境治理,公众参与不能仅仅依赖于政府的主观推动,而必须有其法律保障。只有通过法律确认公众参与海洋环境的权利、参与渠道和方式以及参与的范围、程度和效力等,并明确规定侵犯公众参与权的违法责任,并在此基础上制定相应的制度和政策予以配合,才能形成公众参与海洋环境治理的长效机制。

就舟山来说,在其他政策供给方面,新区的海洋环境政策仍然存在缺乏全局性、系统性、协调性和统一性等问题,这导致舟山政府海洋生态

①② 张金柱,徐学华,杨艳坡.太行山片麻岩山区前南峪旅游资源评价研究[J].西北林学院学报,2006,21(4):162-165.

环境管理行为也存在随意性、主观性较强等问题。当地政府应结合经济发展现状和有关海洋生态保护的法律条令,制定出合理的开发管理方案,健全海洋管理制度与政策,实施更加严格和细化的法律,将可持续发展和保护落到实处。另一方面,政府要将环境利益作为一种权利赋予社会公民,并使之成为公民基本的权利之一,法律也应对公众参与环境管治的相关核心问题予以明确规定,包括参与的渠道、方式、范围、深度、程序以及效力等方面都以法律形式予以确定,规定公众参与环境治理权利受到侵害时的行政和司法救济途径。舟山地区只有进一步细化这些法律和规则,才能够使海洋环境政策真正落实到公众的生产生活和社会实践过程中去①。

第五,推进社会组织的发展也十分重要。21世纪以来,随着环境立法和环境治理中新情况和新问题的出现,中国政府开始逐步意识到环境治理与社会组织密切相关。社会组织的发展对于提升公民参与能力具有积极意义,应该积极培育社会组织,为公共精神提供广阔的成长空间和肥沃的土壤,从而提升公众的社会参与能力。另一方面,海洋环境保护的社会组织不但可以培育公共精神,还可以帮助公众提高海洋环境相关的知识和技能,形成海洋生态保护的全局观念。这种观念的形成与传统的旅游文化、海岛文化建设只关注地方文化传统的保存有很大的区别,但这一全局观念在影响人们采取环境保护的自觉行动中,具有重要的现实意义。近年来,在政府优惠政策的鼓励下,多元化的非政府、非营利等社会组织不断涌现,这当中也不乏涉及海洋生态环境建设的组织机构。这些社会组织长期致力于海洋环境保护工作,他们往往拥有海洋环境保护的专业人才,也积累了丰富的海洋环境保护知识和经验,可以弥补公众海洋专业知识和技能的不足。② 公共精神不是单独依靠知识的掌握就能养成的,而需要无数次的锻炼和实践才能内化为公众的素养,在公共生活的实践活动中逐渐习得。在舟山,社会组织的发展为公共精

---

① 晏露蓉,张奇斌,朱敢,等.中国海洋经济可持续发展路径研究[J].金融发展评论,2012(3):101-107.

② 笪素林.社会治理与公共精神[J].南京社会科学,2006(9):92-97.

神和全局意识的培育提供了生长空间和实践舞台①。

第六,强化公众的海洋意识,发展海洋产业。这一目标需要通过社会行动来实现。由于我国是传统的农业社会,"重陆轻海"观念由来已久,社会各界对海洋经济关注度的缺乏,有关海洋的教育和研究相对落后,对于海洋资源的科学运用和海洋生态的保护等方面的知识和教育明显不够,海洋的战略性重要意义没有深入人心②。为此,我们认为舟山政府可通过运用税收、财政补贴以及其他优惠政策鼓励涉海洋企业积极参与海洋科研工作,并为相应企业提供技术和服务支持。例如,近年来舟山政府积极扶持诸如"科技企业孵化器""舟山群岛新区科技创意研发园"和"区域创新服务中心"等项目,以帮助海洋产业实现科技化。这些尝试充分发挥了政府的榜样带动作用,用行动取得实践教育的成效。另一方面,有关部门也要对市民中环保事迹较为突出的人或事进行表彰和奖励,引导他们参与海洋环境保护行动,比如对清除海洋污染物和及时阻止海洋污染扩散等行为给予一定的资金奖励等,或者通过小额贷款等形式予以帮助。这些做法有助于鼓励公民开展有关绿色经济发展的活动,鼓励进行海洋产业的转型升级,形成可持续发展的局面。

① 笪素林.社会治理与公共精神[J].南京社会科学,2006(9):92-97.
② 梁芳,王书明.刍议建立和完善公众参与陆源污染防治机制[J].黑龙江省政法管理干部学院学报,2008(6):131-134.

第八章
舟山新区的发展和区域规划

第一节　科学设立区域发展规划的要求

　　科学合理地制定和执行区域发展规划,对于海洋生态保护意义重大。规划可以为政府、企事业单位和群众进行与海洋开采相关的活动提供指导,并帮助确立合适的发展目标、近期计划和远期规划。它有助于明确哪些海洋开发活动是合理且应该鼓励的,哪些是不合理和应该禁止的,并形成相应规则。同时,区域规划也为公众科学参与海洋环境保护活动提供了目标和合法性依据。因此,区域规划是实施宏观调控的重要措施和公共政策手段。另外,区域规划也为人们进行海洋开发活动提供了科学分析的基础和动态发展的方向。

　　因此,区域规划要根据对当地自身特点和各种影响因素的评估,形成当地社会经济发展的新理念,这也为政府切实地实施海洋保护的监管工作和开展控制环境污染的群众性活动提供了科学的依据。近些年来,舟山市政府机构和部门所制定的区域规划对于海洋生态活动起到了导向和引领的作用。这些与海洋生态保护关系密切的区域规划主要有三类:海洋功能区规划、港口建设规划和城市发展规划。

首先,就海洋功能区规划而言,农渔业、港口航运、工业与城镇用海、矿产与能源、旅游休闲娱乐、海洋保护、特殊利用和保留区是目前我国主要的八类海洋功能划分[①]。据此,在舟山区域发展规划中,我们要科学地设立发展的目标,在海洋功能区域划分的基础上综合考虑其所具有的地理和生态特点,推动实现海上开发的经济、环境和社会效益的有效结合,在尊重自然的基础上实现持久性的快速发展。当前,舟山在产业发展规划中,根据海洋功能区划分一般标准和各个岛屿的特征设立了相应的海岛经济体功能定位,包括临港工业类、旅游类、农业类、渔业类、围填类、保护类和其他类这七类。以主要岛屿为单位的功能区的设立,对舟山新区的总体定位和发展目标的形成都发挥了积极的作用。

此外,采用区域规划的方法来推进舟山海洋保护事业的发展,需要注重两个基本的内容。一方面,要充分考虑舟山地区的国家战略目标定位,充分发挥该地区所具有的地理优势和产业优势。舟山在国家层面被作为国家实施海洋开发战略的重要载体,成为国务院批准的首个以海洋经济为主题的国家级新区,在地方层面也被浙江省定义为支撑全省经济持续发展的新增长极和建设浙江海洋经济发展示范区的主平台。舟山也是打造全省先进制造业、高新技术产业和现代服务业重要基地的省级重点开发区域。从国际和亚太地区的背景中来讨论,舟山群岛新区的发展也有助于推进我国的强海战略和"一带一路"的战略发展,积极发展自由贸易园区来发展"海上丝绸之路",形成一个"环东海自贸区",去连接日本和韩国形成的一个"西北太自贸区"。这一地区可以在此基础上进一步拓展,通过上海自贸试验区为在上海、舟山、台湾一线形成一个"特自区"奠定基础。

另一方面,从地方经济发展的视角看,舟山群岛可以作为一个典型的群岛型城市,成为海洋经济发展的重点基地。要注重各类产业布局的合理性,形成绿色生态的经济布局,减少企业生产对海洋生态环境的破坏,使其经济发展能够适应国家海洋功能区规划的要求。在此,舟山群

---

① 邓永胜.国家海洋局公布全国海洋功能区划(全文)[EB/OL]. http://www.chinanews.com/gn/2012/04-25/3846144.shtml,2012-04-25.

岛的发展要遵循 2015 年国家颁布的《全国海洋主体功能区划》的要求，即"优化开发区域和海洋开发活动，坚持陆海统筹。根据海洋功能区划合理布局的要求，政府要依据海域的自然环境条件、自然资源状况、地理位置和社会需求等因素来确定海洋功能区的类型，科学地设立区域发展规划，用来指导和约束海洋开发利用实践活动"。在有关经济布局方面，该文件进一步指出要"优化近岸海域空间布局，合理调整海域开发规模和时序，控制开发强度，严格实施围填海总量控制制度；推动海洋传统产业技术改造和优化升级，大力发展海洋高技术产业，积极发展现代海洋服务业，推动海洋产业结构向高端、高效、高附加值转变"①。

　　根据这些要求，舟山的发展规划要结合其区域发展的特点，在总体上遵从上述国家海洋主体功能区划提出的制度性意见，积极推进海洋经济绿色发展。要注重发展以海岛文化和海洋经济为主要特色的产业体系，有效保护自然岸线和典型海洋生态系统，提高海洋生态服务功能，整治修复重点河口的海湾污染，严格控制陆源污染物排放，规范入海排污口设置，提升海洋自身碳汇功能，积极开发利用海洋可再生能源。在产业经济布局方面，舟山地区的发展要充分考虑环境的可持续性，合理布局、谨慎审核和发展化工、造船等制造加工业项目，提高这类产业的准入标准，降低对环境产生污染的产业占舟山生产总值的比例，控制其发展规模，更多地发展环境代价较低的产业。同时，要发展多层次的海岛海洋经济产业格局，加大对这些产业发展的投入。这不仅有助于强化工业园区的发展，使其形成一定的地区经济优势，也有助于缓解经济发展对土地、人口和资源所造成的压力。

　　其次，港口建设的规划也是舟山群岛区域发展规划的重要内容。舟山群岛的经济发展与港口建设密不可分，因为港口规划所涉及的不仅仅是港口建设本身，还是与港口区域相关联的系列产业布局和海洋经济发展的规划，从而通过港口建设来带动整个区域的建设。而且，舟山地区也可通过发展港口建设为发展以海洋经济为主导的模式提供经济增长

---

① 石玉平.优化海洋开发格局[N].中国船舶报，2015-08-26.

点,通过港口经济的发展成为我国走向海洋的跳板。为此,舟山新区在区域发展规划中需要着重做好港口发展规划的设计,充分利用舟山的海岛优势来发展临港产业,逐步实现舟山群岛新区的功能定位和发展目标(如海岛海洋经济的产业转型升级等)。

从海港区位理论出发,港口的发展离不开对于其所在城市与经济腹地的依托。海港区域是一个组合体,需要港口及其腹地的统筹协调以促进资源优化配置。沿着海陆互动的思路,发展以装备制造、海工制造等为主体的港口工业,并拓展以海洋水产业、旅游业和新兴海洋科教、生物工程为主体的海洋产业。从国际经验看,荷兰的鹿特丹港口以及汉堡港口的繁荣昌盛都离不开内陆经济发展的支持,新加坡港口正是积极利用附近国家的劳动力资源实现了港口的产业升级。中国香港发挥其自由港的政策优势,与内地联手发展国际物流港区。这些发展目标的定位和具体做法都为当地港口发展提供了蓝图。因此,在对港口建设进行规划时,要讨论当地经济与外地经济协调联动的便利性和互补性,并在海港建设中采取技术手段来保护环境和生态。

值得注意的是,在基于港口建设的规划中,我们可以大力发展环境管理的物流、航运和金融服务业,大力发展自由港建设而不是成为内陆型或传统型的产业基地。在舟山新区的港口发展规划中,要对物流、仓储和金融服务等产业的发展予以充分考虑,因为这些产业能够有效地反映舟山现有的地理优势。要加快推进舟山港综合保税区的建设,并探索如何强化基础设施的建设,建成包括上海—洋山—岱山—舟山岛—册子—金塘—宁波北仑在内的沪舟通道。为此,要打通宁波至六横的陆路通道以及六横至朱家尖的东部通道,扩建普陀山国际机场,积极推进航空事业的发展,逐步建成大宗商品储运中转、加工和交易中心,加快建立现代海洋产业基地以实现陆海统筹发展目标。在政策上,要以指导支持为主并辅之以约束性的方式,适应海洋主体功能区的发展导向。根据2015年颁布的《全国海洋主体功能区规划》的指导,在新区建设过程中可以在财税、投资、海域环境等方面提供相应的政策保障。

基于以上的讨论,我们可以进而把三类区域规划与城市建设联系起来,因为城市发展目标的设立和定位对海洋生态保护的影响很大。城市规划开发和海洋生态保护要能够相互协调。在舟山市这样的海滨城市,区域的城市发展规划与其海洋生态环境保护密切相关。为此,在确定新区城市发展的总目标、建设规模和标准时间的过程中,要依托当地的自然、资源、历史和发展现状进行部署,在这些基础上选定规划的定额指标、实施步骤和措施,以及新区的城市用地总体布局和交通运输系统等。在城市发展和开发过程中也要充分利用舟山海区多样化的资源,加大对特殊的海岛风景区的保护,为发展海洋旅游业和打造生态文化海岛提供自然保障,促进海岛的综合保护与开发,创建较成熟的开发体制,并成为综合开发的示范区,为其他海岛开发提供宝贵的实践经验。

另一方面,在舟山新区的城市发展规划中还要十分强调海域和沿海地区的统筹协调发展,通过发展海岛花园城市实现人与自然海洋的和谐共处,通过海陆联合共同开展相关经济项目和环保建设。舟山在发展沿海陆地经济的同时要兼顾海洋区域的生态和经济建设,探索新途径以合理分配发展资源,将舟山群岛新区建设成生态文明、产业发达、社会和谐的健康城市①。以海岛为单元的城镇开发和海洋生态保护是舟山群岛新区建设的特色,因而要通过舟山新区发展的科学规划,把舟山建成我国海岛科学保护开发示范区。我们应当把海洋生态环境的维护以及海洋资源的循环利用看作舟山群岛经济体能否实现可持续发展的关键课题,积极探索海岛城镇建设和海洋生态保护相协调的绿色开发模式,从而为全国海洋开发保护提供示范。

总之,在舟山地区的发展中,我们需要科学地设立区域发展规划,确立发展的目标,推进社会经济和环境的协调发展。通常,区域发展的功能定位可以划分为几类不同的导向定位,即港口型、综合型、工贸型、旅游型及渔农业及加工型。这些功能定位的设立要与城市发展的总体目标相契合,使城市的居住、工作、交通和娱乐等功能活动相互协调发展。在规划的设立中,要采用可持续发展的视野发展海洋经济,确保海洋权

---

① 汤筠,孟芊,杨永恒.区域规划理论研究综述[J].求实,2009(S2):140-143.

利,利用港口优势,推进经济发展。我们要充分利用舟山的海洋经济和海岛文化发展所具有的条件,正视区域中的自然资源和环境承载能力的限制,解决人的发展、社会发展与自然环境可持续发展的协调之间存在的各种矛盾,实现对区域内整体空间的合理分配和计划,形成人口、资源和经济的综合发展目标。同时,也要提升区域竞争力,实现经济效益、环境效益和社会效益的协同,从而带动整个区域的产业竞争力的提高①。这些功能定位能够有效地服务于城市发展的蓝图,增进和实现舟山新区的区域规划蓝图,并推动产业结构趋向合理性和互补性,帮助保护舟山区域的海洋生态环境,实现城市的经济目标和社会发展目标②。

第二节　区域规划的原则及其政策含义

作为地方政府的发展规划,舟山群岛新区总体规划提到,在区域发展中,要体现以下七个方面的任务和目标:(1)生态优先,适应资源承载能力,实现长远持续发展;(2)以人为本,维护公共利益,提高生活质量;(3)陆海统筹,协调区域交通和市政基础设施布局,保护海洋生态环境;(4)城乡统筹,实现城乡基本公共服务均等化,促进城乡协调发展;(5)紧凑集约,高效利用土地、岸线和水资源,紧凑布局产业功能;(6)突出特色,保护历史文化名城,尊重山海格局,提升城市环境品质;(7)军民融合,统筹新区建设与国防海防建设需求,实现互促共赢③。这些原则从多个方面反映了政府的政策导向和区域发展的目标。

为了更好地满足这些要求,我们在区域发展的规划设计中要遵循以下原则。一是科学性原则。结合海洋环境保护的目标,区域发展规划所讨论的问题涉及人口资源的限定、区域的总体定位和发展目标、产业分工与空间布局、城镇体系建设、空间管治、基础设施建设布局、资源的开

---

① 汤筱,孟芊,杨永恒.区域规划理论研究综述[J].求实,2009(S2):140-143.

② 陈雯.我国区域规划的编制与实施的若干问题[J].长江流域资源与环境,2000,9(2):141-147.

③ 中国舟山政府门户网站.舟山群岛新区总体规划[EB/OL].http://www.zscj.gov.cn/zg_index.html,2015-07-17.

发利用与保护、环境保护与生态建设[①]等因素。这些因素都会影响当地的生态环境状况以及海洋经济发展的规模和优势产业领域，从而在总体上制约海洋开发的方式、速度和规模，因而分析这些要素是讨论区域发展的基本条件。具体来说，区域规划的制定过程中要兼顾其技术科学性和规划合理性，以及规划实施的可靠性和实施的有效性问题，以便形成能够合理开发区域内的土地、河流、海洋等资源，并能够在保护好生态环境的基础上有效提升生产力的综合型区域开发整治方案[②]。

由此，若按照科学性的原则要求来考察舟山市的区域发展，我们要实事求是，深入实际，根据当地经济社会发展的实际情况来进行规划。例如，在考虑运输因素对区域经济发展的影响时，要考察陆路、水路以及航空运输的分布状况，产业在区域空间布置中的集中和分散情况，而且区域的基础设施、劳动力的数量、素质和价格等对区域产业布局也有较大影响。此外，市场规模、市场距离和结构等市场因素也会对区域经济、社会以及生态规划产生影响。根据这些要求，我们在舟山新区的规划设计方面就要综合考虑各种自然因素，包括自然资源和自然条件（特别是生态环境条件），把组织行为、技术进步、区域文化、时间点等因素与社会经济因素相结合，并对区域内的人口、资源、环境、经济、社会等方面的情况进行科学分析，力求综合考虑和统筹协调[③]。

在产业发展的布局上，舟山作为海岛型港口城市，其产业的科学发展应立足于海陆统筹。要改变过去自我独立发展的方式，要把一些加工产业和重工业放到与海岛密切相连的内陆。把港口作为连接海洋与内地的纽带，采取综合的视角建构当地海洋经济与内地经济发展的统一体，缓解经济发展给海岛造成过重的环境负担。在《浙江省舟山群岛新区发展规划》中，明确提出了要将舟山新区发展成我国重要的贸易中转中心、海洋产业基地以及海岛开发的示范区和先行区这一战略目标（该发展规划也得到了国务院的认可批复）。由于不同的产业发展计划会使

①　汤筠，孟芊，杨永恒.区域规划理论研究综述[J].求实，2009(S2)：140-143.
②　陈雯.我国区域规划的编制与实施的若干问题[J].长江流域资源与环境，2000，9(2)：141-147.
③　宋建军.贫困山区县生态城镇的区域规划与建设模式研究——以湖南省隆回县为例[D].长沙：湖南农业大学，2005.

产业经济结构发生倾斜,因而关于运输业、临港工业等发展规划的科学性会影响海洋环境保护和海岛城市发展的基本状况。这就要求我们在产业布局中充分考虑到区域发展的人力资源和环境的限制,避免发展劳动密集型企业及重工业和化工企业,应致力于发展用人少、效率高的高新技术产业。

二是动态性原则。由于制定和实施区域发展规划的各种条件都不是一成不变的,因而规划各阶段的目标也应随着时间的推移而发生变化。区域发展规划的制定要充分体现发展性,对一定时期内的区域发展所做的发展规划要具有动态性并能够引领发展的导向,从而为实施条件的改变和理念的更新以及新的目标的形成留下发展空间。以舟山为例,在其经济发展的早期阶段,化工、储运和其他工业产业被视为产值高、见效快的项目而大受欢迎,而海洋科技产品的研发投入则被认为是周期长、成本高、技术要求过高的项目而不受欢迎。随着经济的发展,这种状况正在逐渐改变。在发展海洋经济与港口经济的过程中,我们也要通过区域规划的研究来发现主要矛盾并寻找科学的解决办法。在发展海洋经济的过程中也要加大技术含量,把海洋经济发展从粗放型的快速增长转向强调质量和高附加值的海洋经济产品的生产,从而形成新的产业格局。

按照传统的产业格局,舟山本岛(含朱家尖岛、长峙岛)以舟山渔业产业的发展为核心,涉及综合渔港经济区、加工流通基地、远洋和休闲渔业基地以及科教管理中心等主要的建设内容,形成产业集群与综合服务中心。但随着单一渔业经济逐步向现代综合型海洋经济转变[1],大力发展休闲渔业、养殖海钓和海洋生物医药等产业就成为新的发展方向,这为区域发展规划引入了新的内容。目前,舟山新区的海洋经济开发活动已经起步,初步形成了一套海洋经济体系。在这一体系中,海洋经济的比重已经占据了区域经济中相当大的部分,渔业产业、旅游产业、物流服务业、临港工业等海洋产业的飞速发展也促进了舟山新区产业结构的多

---

① 中国城市-中国网. 舟山新区概况[EB/OL]. http://city. china. com. cn/index. php? m=content&c=index&a=show&catid=188&id=25907454,2015-01-05.

样化。在未来的发展中,舟山市要充分依循其资源发展的特征,提升海洋经济所占的比重。目前,舟山市海洋经济占地方 GDP 的 60%～70%,在制定下一步的发展规划时,要从该区域的发展条件出发,根据新兴的发展需求积极推陈出新,突出规划的阶段性特点和实现发展的阶段性定位。

三是人本原则。区域规划的制定要以人为本,以提升人的生活质量为最终目的。要在以人为中心的基础上推进经济发展,按照与环境友好的态度来进行经济发展和环境规划,缓解片面追求经济增长可能带来的消极后果。因此,区域发展规划的内容不仅仅要关注 GDP 的增长、经济发展规划和产业布局,也要涉及空间发展均衡、公共服务的均等化、基础设施建设、生活环境等一系列与人们生活质量的提高、社会进步有关的非经济因素。在舟山新区规划的制定中,外地船员对渔业的影响乃至整个产业转型、社会安全的影响都是区域发展的重点工作。因而,要充分考虑到渔民的转产和安置问题,实现由传统低层次的海洋渔业向休闲渔业和海洋生态旅游产业的转化。政府应当考虑提供渔民转产的就业帮助和相关鼓励政策,并提供渔民在渔业转型期间可以替代的生计选择,缓解其在休渔期间的生存压力,从而激发舟山海岛经济的新活力,丰富产业结构的内容,向高端、绿色的海洋经济拓展,最终提升舟山的竞争力。

除了解决民生问题和缓解传统的渔民转型问题,海洋生态环境的保护也是新区实现可持续发展并体现人本原则的另一重要问题。在制定相关供给和管理海洋环境资源的标准时,为了对海洋生态环境进行保护,要充分考虑新区发展的生态承载力,并对市场和社会供给进行有效监督;同时,也要对民众的海洋开发活动进行科学和人性化的管理。政府可以采用包括政府购买服务、特许经营、税收优惠、财政补贴、志愿服务等多种方式在内的措施,刺激市场和社会参与海洋环境供给的积极性,提高民众参与海岛花园城市建设的热情。在这一过程中,政府也会强化自身对市场和社会组织参与海洋治理的监督并提供相应的服务,比如科学界定海洋环境的使用权和利益相关者,建设海洋环境信息公开平台等。

　　四是可持续发展原则。制定海洋生态保护的区域发展规划必须注重人与自然的协调发展,避免由人对自然的掠夺性开发造成的灾害性后果。在港口规划和城市规划的制定中,一些国家十分注重基础建设的环境评估,例如汉堡港在港口新城建设中对道路交通、供热系统、建筑节能、污染治理和土地利用这五个方面都制定了相应的生态建设策略[①]。荷兰在海洋开发中也为了维护生态环境而取消了排水造田计划并恢复湿地生态系统。在中国,国家的"十二五"规划和2015年发布的《全国主体功能区域规划》都体现了可持续发展原则,提出规划的设立要兼顾经济、社会、生态效益,创造生态环境良性循环和合理的资源管理[②]。舟山在区域发展中的一个严重的瓶颈问题在于人口、资源、环境因素的协调和可持续发展,以及保护与发展的同步进行。经济发展必须以当地资源环境的承载力为限,实现资源的可持续利用。为此,政府的相关部门应做好有关资源动态的信息搜集,实时掌握资源总量、分布及其运用现状,做好发展的总体规划,制定相应的生态保护和合理开发政策并予以有力实施。在保护海洋生态和物种多样性的基础上发展海洋经济,加大对特殊的海岛风景区的保护,改变过去对资源的掠夺性使用,把可持续发展作为规划的重要原则。这些活动的开展都将有助于提高政府服务质量,从而满足民众的需要。

　　为了确保可持续性的发展,我们在区域规划的研究中要从节约和扩源两方面设立目标。在某种意义上说,发展是保护的最佳途径,因而开发和利用舟山地区多样化的自然资源,形成综合开发的示范区,是海岛综合保护的基本途径。以淡水供给为例,舟山地处海岛,无过境客水,资源型缺水和工程性缺水问题共存。经济发展所带来的人口增加和人民生活水平的提高增加了淡水消耗量,加剧了水资源的供需矛盾。在"十二五"期间,根据《舟山市水资源综合规划》、《舟山海洋经济综合开发试验区水资源研究报告》、《舟山海洋产业集聚区发展规划》等报告,舟山区域的淡水资源问题仍然突出。为了确保海岛生态的可持续性,我们既要

①　陈挚. 城市更新中的生态策略——以汉堡港口新城为例[J]. 规划师,2013(S1):62-72.
②　陈雯. 我国区域规划的编制与实施的若干问题[J]. 长江流域资源与环境,2000,9(2):141-147.

防止人口规模的过度增长,更要开源,发展废水利用(作为工业用水和灌溉用水),设立海水淡化厂和加强内陆引水工程的建设,在扩源方面采取有效的措施,设立合理的产业结构,提高舟山生态环境承载能力,并通过新的方式形成新的环境能力来保护海洋环境的脆弱性。

五是海陆联动原则。针对海洋生态保护问题,区域发展规划的设立必须以海陆统筹和综合开发为立脚点来讨论。在此,2013年浙江省政府印发了《浙江省主体功能区规划》,强调海洋与陆域的联动原则,有机整合海陆资源以促进陆地与海洋国土空间之间的协调开发,落实海陆双方在产业、基础设施和资源要素等方面的联动配置。基于这一原则,地方政府进一步提出了以海引陆、以陆促海、海陆联动、协调发展,注重发挥不同区域的比较优势等原则[1]。海岛经济的发展需要有一系列的资源链相匹配,包括产业链、资金链、物流链和人力资源分配等作为统合。强调海陆联动有助于兼顾海洋区域的生态和经济建设,实现人与海洋和自然的和谐共处。尽管对于舟山而言,海洋经济构成了其城市发展的核心内容,但与内陆经济的互动更有助于扩大其发展海洋经济的能力。针对舟山新区的群岛型海洋生态环境,可以考虑将这部分产业转移至腹地,形成区域联动,探索与其他地区的临港产业发展的不同模式。

海陆联动原则也体现在区域发展的具体问题中。这些问题包括,如何依托现有的海洋产业基础来发展与内陆城市的合作,探索新途径来合理地开发和分配发展资源,形成一体化的海岛经济体及海洋综合管理网络。在此,沿海地区要积极寻求海洋产业的市场,加强与内地产业链、资金链和其他相关链的联系,共同形成城市发展网络,并在这一发展网络中发挥节点作用。与此同时,要注重发展海陆联合的环保建设项目,培育海洋服务业和临港先进制造业,并发展新兴产业。同时,可通过科学的围海造陆、滩涂围垦、海岛土地开发等人为活动对原生的自然环境进行改造,拓宽港口和航道,从而提升本地社会和生态环境的承受力以及与内陆发展相衔接的能力。要避免或减少发展劳动密集型的重工业或

---

① 赵建东,吴琼.陆海联动打造海洋经济示范区[N].中国海洋报,2013-10-23.

其他对海洋污染较大的化工、钢铁等重工业,把这些污染产业的加工和生产地迁到内地,并通过系统的交通完善实现与舟山地区的连接,进而推动舟山群岛成为东部海上门户、大宗商品贸易中转中心、现代海洋产业基地、海岛开发保护示范区和陆海统筹先行区。

第三节　区域规划设立的功能区块

上述区域规划原则对于区域发展规划的政策制定均会产生影响。这些原则为我们分析舟山特区的区域发展战略提供了价值基础。对于这些原则的政策分析常常反映在政府的各种政策文本或研究报告中。例如,浙江省政府制定的《浙江海洋经济发展示范区规划》中提出,基于海域基本功能区的划分,舟山地区的发展规划可以构建为"一核两翼三圈九区多岛"的总体格局。该《规划》强调,舟山地区得天独厚的自然海港条件为其发展港区加工和物流服务业奠定了坚实的基础,与此战略相呼应,舟山群岛在未来的发展中要优先发展先进的海洋产业技术,形成综合型的海洋产业集聚区,构筑大宗商品交易平台,推动建设"三位一体"港航物流服务体系。在区域研究中,一些学者则强调舟山区域的发展对于浙江省海洋战略的实施具有辐射性。例如,黄建钢把浙江舟山群岛新区城市群看作浙江沿海城市带的核心区,并认为"舟山港"或"舟山自由贸易岛"可以向整个浙江沿海城市带中心辐射,从而扩展为区域经济圈中的重镇[①]。根据他的观点,我们可以把嘉兴、宁波、台州、温州看成是四个"点群"港口城市,并将这些城市进一步扩展为杭嘉湖城市圈、宁波—绍兴—金华城市圈、台州—黄岩—路桥—临海—仙居—天台城市圈、温州—丽水城市圈。以这些城市圈为纽带,我们可以把舟山港区建设为母港,使海洋经济与内陆经济能够连接起来,并形成其余港口作为子港的一体化的城市辐射模式[②]。如果这种构想能够实现,那么舟山地

---

① 黄建钢."浙江舟山群岛新区·现代海上丝绸之路"研究[M].北京:海洋出版社,2014.
② 陈雯.我国区域规划的编制与实施的若干问题[J].长江流域资源与环境,2000,9(2):141-147.

区可以作为区域经济的中心,形成北连上海、南连温台,内联杭州湾、外接国际航线的港口城市群架构,带动以港口经济为核心的海洋经济的发展①。

　　作为舟山地方政府所追求的目标,舟山地区在未来五年的发展中要强化港口城市的建设、物流体系的建设和沿海城市群的交通体系建设。通过城港一体化开发,建设多层次、立体化的"开放港",使岛屿的自然生态、经济发展条件与其产业分布和空间布局有机地结合起来。② 根据这些讨论,舟山新区政府提出了"一城四岛"的功能格局规划,包括海上花园城("一城")和国际物流岛、国际贸易岛、国际休闲岛、国际装备制造岛("四岛")。这一功能区划是基于舟山各个海岛自身的地理位置来定位形成的。例如,国际物流岛是依托航道沿线所建立的(包括洋山、衢山、马迹山、凉潭等),国际休闲岛是依托环境因素来确立的(包括普陀山岛、朱家尖、桃花岛、东极岛、嵊泗列岛等)。而关于自由贸易岛(包括舟山本岛、朱家尖、金塘岛等)的功能定位,主要是依托门户资源,结合口岸、离岸和服务三大贸易功能。这些功能区的确立有助于我们强化区域发展的主导功能,也能兼顾其他功能,以保证发挥自然资源、环境客观价值和经济、社会持续发展的综合效益。

　　基于这一构想,舟山市政府为建成全球一流的大宗商品国际枢纽港群而进行了定点规划。例如,把岙山岛、外钓山、册子岛、黄泽山、双子山等建设成油品物流区,鼠浪湖岛、马迹山、凉潭岛等建成铁矿石物流区,衢山岛、六横岛等作为煤炭物流的基地,老塘山作为粮油物流基地,绿华岛减载平台可以成为大宗商品储运物流港群。同时,发展传统的渔业生产,推动沈家门、高亭、嵊泗、西码头、衢山和长涂等渔港经济区的发展,把它们建设成为具有国际影响力的"中国渔都",打造国际化水产品贸易平台。此外,在集装箱枢纽港的建设方面,洋山岛、金塘岛、六横岛、佛渡岛等地都具有很大的潜力。

---

① 汤筠,孟芊,杨永恒.区域规划理论研究综述[J].求实,2009(S2):140-143.

② 宋建军.贫困山区县生态城镇的区域规划与建设模式研究——以湖南省隆回县为例[D].长沙:湖南农业大学,2005.

为了进一步说明目前舟山政府为发展地方经济所进行的规划设计，我们可以通过对其"一体一圈五岛群"总体开发格局的描述来进行理解。在此，"一体"是指在舟山群岛新区开发的主体区域，也是舟山海上花园城市建设的核心区，集中了群岛优质的资源和便利的交通资源。作为海上花园的中心区，舟山本岛南部依托定海、新城和普陀城区，构建成景色宜人的花园城市生活带。中部则要强化生态文明建设，对山丘进行绿化，对于河流沿岸增设绿化带，维护海岛生态系统平衡。在本岛北部则形成海洋产业基地发展新兴产业，如临港制造业、海产品深加工业以及海洋医药和海洋电子信息业等高科技产业，将本岛及其周边的诸岛打造成海上开放门户和国际物流贸易中心，成为整个舟山新区的综合型核心岛①。

"一圈"是指港航物流核心圈，将岱山岛、衢山岛、大小洋山岛和大长涂山岛等涵盖在内。"一圈"以发展大宗商品储运中转加工交易中心为方向，力图打造国际化的储运、中转、加工、贸易服务平台。这一核心圈拥有天然的深水港湾，航道条件优越，且联通上海和宁波地区。它可根据各岛屿自身条件的不同和海岛不同的空间功能，组成物流核心圈的各个岛屿的功能。例如，岱山岛可通过大力发展制造业建成国际化港航服务平台，大鱼山可重点发展成海洋化工业基地，衢山岛及其周边的小岛则可依托其良港条件建成煤炭矿砂等大宗商品的深水中转中心，也可依托大小洋山岛港区和衢山港区等建成江海联运和大型集装箱枢纽港②。

"五岛群"则指以包括朱家尖、登步岛和白沙岛等在内的普陀山国家级风景名胜区为核心。这一岛群的发展目标是建成世界级海洋休闲度假岛群。而六横临港产业岛群则包括了虾峙岛、佛渡岛、东西白莲山等，主要致力于发展临港工业，开发海洋新兴产业。以金塘岛为核心的金塘港航物流岛群也囊括了册子岛和外钓岛等，其重在建成综合物流园区，打造大宗商品中转储运基地。嵊泗渔业和旅游岛群则加快渔业转型升

① 中华考试网.城市总体规划及其城市规划的定义[EB/OL]. http://www. examw. com/City/zhishi/43936/,2008-12-30.

② 陈雯.我国区域规划的编制与实施的若干问题[J].长江流域资源与环境,2000,9(2):141-147.

级,力图发展海洋休闲旅游。此外,中街山和马鞍列岛等海洋生态岛群则主要发展海洋渔业和海洋旅游业①。

当然,在"一体一圈五岛群"的总体开发格局下,舟山新区各镇的功能定位也不同。按照功能划分,这些乡镇的规划还可以分为三类,即综合服务型、配套服务型、专业服务型。在表8.1中,我们看到各乡镇的地方特点和区域资源要素,其产业选择和发展的重点是立足于该区域的特点而设立的。尽管在经济发展中舟山传统的渔业产业仍然具有重要地位,但在许多地方,物流储运和海洋休闲渔业等现代产业已经成为发展的重点。基于各地不同的特点,在功能的划分中形成了不同的定位,包

表 8.1　2030 年舟山群岛新区城镇职能结构②

类型	数量	城镇	职能定位
综合服务型	6	中心城区	开发开放的主体区域,海上花园城市的核心区
		岱山县城	岱山县域的政治经济文化中心,港航物流核心圈的综合服务中心,重要的现代海洋产业基地
		嵊泗县城	嵊泗县域的政治经济文化中心,国家海洋渔业基地和海岛旅游城镇
		六横镇	六横临港产业岛群的综合服务中心,国家大宗商品储运基地,重要的现代海洋产业基地
		衢山镇	以国家大宗商品中转、储运、交易为主的综合服务型城镇
		金塘镇	以国际集装箱物流为主的综合服务型城镇
配套服务型	2	长涂镇	以海洋产业为主的配套服务型城镇
		洋山镇	以国际集装箱枢纽港为核心的配套服务型城镇
专业服务型	4	桃花镇	以海岛旅游、休闲度假为特色的专业服务型城镇
		嵊山镇	以海岛旅游、海洋渔业为特色的专业服务型城镇
		东极镇	以海洋旅游为主导的特色海岛小镇
		虾峙镇	以休闲宜居为主导的特色海岛小镇

---

① 周世锋.舟山群岛新区发展规划解读[J].浙江经济,2013(6):12-14.
② 中国舟山政府门户网站.舟山群岛新区总体规划[EB/OL].http://www.zscj.gov.cn/zg_index.html,2015-07-17.

括以渔业为特色产业的区域、以渔业资源保障为主的海洋牧场、渔场振兴示范区,以及发展智能型经济的特点。在这些方面的工作中,要制定建设海洋海岛综合保护开发示范区的计划,并将制定配套的生态环境总体规划、海洋功能区划、重点海岛开发利用与保护规划、风景名胜区总体规划、近岸海域环境保护规划和无居民海岛保护与利用规划等工作作为保护海洋生态环境的专项规划。

这些发展规划的设计蓝图,充分体现了当地政府重视海洋经济发展、向海洋追要经济效益以弥补陆域经济 GDP 动能不足和空间不足的状况。由于舟山新区在人力、资源、环境方面的局限性,特别是土地和淡水资源十分有限,其生态承载力弱,因而舟山政府力图通过规划建设来形成对于人口、环境、资源消耗较低的产业布局,提升物流、仓储和金融服务等产业的占有比例,并利用舟山的海岛优势来发展临港产业。这些产业不仅能够有效地反映舟山现有的地理优势,同时大多也是环境友好型产业,能够避免或减少发展劳动密集型重工业对环境带来的破坏。

同时,这些规划也体现出了舟山对海洋环境保护的重视。在海洋生态的保护方面,舟山市设立了海洋保护区,包括普陀中街山列岛和嵊泗马鞍列岛这两个国家级海洋特别保护区,其保护区海域面积分别为192.42 平方公里和 530 平方公里,占其总海域面积的 3.47%。在渔业资源的保护方面,舟山地区对于海洋渔业资源、海洋盐业资源、海底矿产资源、石油资源等的开采也开始关注环境发展的可持续性。此外,舟山政府也规划在嵊泗发展休闲渔业和旅游岛群,在合理开发利用海洋资源的基础上发展海洋生态岛群,并结合旅游休闲基地的开发形成海洋经济和生态协同发展的良性循环。依托普陀山佛教旅游胜地和悠久的佛教文化,发展普陀国际旅游岛群。例如,把桃花岛和朱家尖岛在内的岛屿建设成世界级佛教旅游和禅修基地,并且创新多种形式的海岛旅游项目以促进其休闲、养身的度假功能建设。通过这些各具特色和功能的岛群设计和规划,力图将岛屿的资源优势有机组合起来,促进舟山群岛新区的综合建设①。

　　通过以上规划,我们可以看出舟山政府在规划舟山群岛新区的建设
中注重因地制宜,以几种不同的海岛和港口发展为基本导向,包括发展
物流、文化旅游、休闲渔业等方向。同时,规划也力求在海岛发展的同时
加强环境保护工作,对海洋生态的保护与陆源的环境污染进行整体治
理,从而推动舟山新区实现海洋经济的可持续发展。

第四节　区域发展的几个基本问题

　　在科学制定区域发展规划的过程中,我们要关注以下基本问题。首
先是对于涉及海洋生态环境的各类问题和改造计划要通盘考虑,统筹计
划,综合解决,实现统筹协调可持续发展。在统筹海陆联合发展的基础
上创新海岛模式,将有助于海洋生态环境的建设。要避免为追求短期效
益而进行掠夺性的开发,还要强调实施与当地社会、生态和环境相适应
的发展举措。合理的海岛开发既要完善陆地经济发展体系,也要重点发
展新兴海洋经济产业,从而建设中国陆海统筹发展的试验区②。在此,
我们可以借鉴国外的"生态基础设施"的规划理念,将自然保护区、物种
栖息地等作为区域的基础设施来建设和完善,限制将其作为生产和住宅
用地的开发③。当然我们也要考虑港口经济的建设,管控临港经济,规
划物流服务业、临港加工制造业、渔业水产品业和生态旅游业等多元化
产业在各地的分布状况。同时,结合该地区独特的生产和生活方式,在
产业布局、基础设施建设以及文化服务等方面都能充分发挥优势,展现
地区特色。

　　其次,在海洋生态的保护方面,强调环境保护与发展目标的统一。
不仅要避免被动地保护和维持现有的环境可持续水平,还要通过发展来

---

　　①　邓永胜.国家海洋局公布全国海洋功能区划(全文)[EB/OL]. http://www.chinanews.
com/gn/2012/04-25/3846144.shtml,2012-04-25.
　　②　汤筠,孟芊,杨永恒.区域规划理论研究综述[J].求实,2009(S2):140-143.
　　③　黄建钢."浙江舟山群岛新区·现代海上丝绸之路"研究[M].北京:海洋出版社,2014.

提升这一水平。通过制定和执行海洋环境保护或海洋保护区等专项性规划或战略性发展规划,可以形成一系列区域的综合性和专项性海洋项目。这些项目的设计要能够将生态规划纳入港口城市规划中,并在港口建设的各方面体现其生态效应,提升舟山区域海洋生态的可持续发展水平。在执行区域发展的各项活动中,也要致力于培育和强化当地生态环境的可持续能力。基于这一原则,我们在经济发展上要划定沿岸生态红线,但同时也要推进人造岛礁、渔业资源放养以及绿化造岛等方面的努力,协调好开发和保护两方面的关系①。在舟山,政府一方面推进港口经济建设,推进综保区探索试行自由贸易港区政策;另一方面,也需要预留一部分陆地用于生态环境的修复,从而为自然生态的成长留下足够的空间。特别是港口建设和围海造地工程,可以拓展在有限的区域中进行开发和发展的空间,帮助提升地区的承载力,从而增强综保区的辐射作用。

第三,就经济发展和产业布局方面的任务而言,要推动适合于海洋经济发展的产业布局,根据海陆统筹的原则制定经济发展规划。由此,在发展沿海经济的过程中,我们应将海洋经济建设和海洋生态保护作为整体发展体系的重要内容,同时发展多样化的经济形式,特别是发展服务产业。例如,为了发展贸易中转港口,舟山除了发展船舶维修、货运代理、淡水和物资补给等服务外,要进一步提升对外贸易水平,拓展海事服务领域。为此,要进一步加强打造进出口商品集散中心,完善大通关服务,建立货物分类监管模式,做好综保区码头建设等口岸开放工作。更进一步说,舟山地区的产业选择要服务于长三角的发展,并通过加强舟山与上海、宁波及长江沿岸城市间的交流互动,将舟山建设成国际海事服务基地②。这对于推动东部沿海地区走向海洋的发展战略具有重大意义。

第四,在进行区域规划中,不能忽视教育、文化、科学等人文因素的发展。这些发展可以体现在多方面的规划中,包括发展以海洋文化为品

---

① 周世锋.舟山群岛新区发展规划解读[J].浙江经济,2013(6):12-14.
② 舟山市人民政府.政府工作报告[N].舟山日报,2015-02-15.

牌的国际化旅游岛屿建设,通过海洋教育来强化公众的海洋意识,提高公众关于海洋的科学知识和技能水平,促进公众参与海洋环境治理。在舟山,当地政府高度注重岛屿的自然景观和人文景观的建设,发展社区的商业和服务业体系。同时,当地政府也在完善旅游住宿、餐饮、交通等配套设施,以及提高教育、医疗、文化、体育等社会事业发展水平等方面进行努力。政府也要对岛区进行合理规划,强化公共服务、城市建设和住宅建设按照一定的标准进行规划和建设,公共设施的发展和区域性商业中心建设都可以提高基本公共服务均衡化水平。

第五,在海洋监控和环境污染的改造方面,强化舟山基础设施建设和建立电子信息化的环保监控系统,提高海洋控管能力①。依照高标准多方面来制定治理废弃物污染的规范和合理利用土地资源的生态规划。在海洋监管方面,大量机帆船的使用提高了人们的捕捞能力,使渔业资源急速耗竭。因而舟山市严格限制捕捞量,解决人群在休渔期间的基本生活问题,帮助传统的渔民实现转产。同时,通过区域规划对政策行动的影响,政府引导将社会公共资源用于环境治理,对各方参与主体的利益进行合理的划分与配置,更好地解决公共环境问题并协调各方的利益。政府对于海洋发展及海洋环境保护基本问题的规划、纲要、计划等问题都制定了相关的海洋环境保护政策,为环境治理提出指引性的政策,具有整体性、长远性、规范性的特点,这为我们进行海洋开发提供了具有意义的实践经验。

在推进舟山生态文明建设、实现具有国际化水平的自由贸易港这一目标的过程中,我们需要积极地向各国学习,借鉴成功经验,理解怎样才能建成具有国际竞争力的国际旅游城市的现实范例。例如,德国汉堡港口的建设把生态理念融入其区域发展规划中,把城市规划与生态规划相结合。澳大利亚在发展海洋旅游方面经验丰富,成功地打造了大堡礁主题景点等国际旅游胜地。美国夏威夷岛也根据游客需求调整旅游安排计划。印尼的巴厘岛积极推进文化旅游,使全岛 146 个村各具特色,全

---

① 中国舟山政府门户网站.舟山群岛新区总体规划［EB/OL］.http://www.zscj.gov.cn/zg_index.html,2015-07-17.

面提升服务品质。韩国的济州岛也注重战略性引导来提升旅游产品竞争力①。舟山的旅游品牌开发起步晚，效应还很弱，绿色宣传方面的力度还不够，不仅要在这些方面形成有效的规划，也应在开发海岛旅游的过程中做好环境治理工作，发展地方特色并获得成功。

在经济全球化背景下，自由港所具有的优势对于提升区域竞争力是一个重要手段。在国际自由贸易区的建设中，各地也有许多经验。从国际上看，著名国际转口港城市大多都是自由贸易港。这些以自由贸易为发展重心的著名港区有中国香港、新加坡、汉堡和巴拿马等。这些海岛或半岛港区是主导国际贸易的枢纽、集散地和交易中心。它们的发展经验也为舟山海岛发展模式提供了范例。以香港岛为例，香港自由贸易港不仅功能多，而且结构完善，有能量吸引来自国际市场的各类经济资源以满足其自身发展的需要，形成强大的生产力。港区内各项基础设施配套完善，码头、机场等交通条件也使香港成为亚洲主要国际和地区航空及航运枢纽②。而且香港政府还设定了与之相应的诸如简化海关税制、减免关税等措施。舟山也在为自由贸易港建设努力，以便促进海岛经济建设。因而要充分考虑区域内以及区域之间所存在的各种矛盾，解决市场作用导致的区域间非均衡发展。海洋经济的发展与国家安全的维护都需要从宏观战略性的角度出发，处理好开发与保护、发展与治理的关系。

在这些问题上，我们要清醒地认识到我们与许多发达国家和传统的海洋国家相比存在着差距，它们的实践对于我们具有借鉴作用。目前，我们对于环境保护和海洋生态保护的意识还较弱，政策措施也有待于改进，在实践中还有很大的完善空间。举例来说，荷兰自 20 世纪 60 年代起就编制了 5 个国土规划，并相应地制定了综合湿地计划、海岸保护规划、海洋保护区规划等专门规划。我们在海洋生态的保护问题上起步较晚，在科学开发海洋活动过程中缺乏有效的指南。在规划的制定中相关规划的系统性和城市发展与环境保护这两个口子的对接还不严密。以

① 程建华,武靖州.我国公共物品低效供给的表现与对策[J].农村经济,2008(2):6-10.
② 蔡彤.公共物品供给模式选择与政府行为负外部性的防范[J].经济管理,2005(16):92-96.

德国汉堡港口的港口建设为例,其港口开发的生态规划不仅包括土地利用等,还涉及环保交通、建筑节能、污染治理和低碳供热等港口建设的各个方面。其港口新城将生态规划、建设、运营及宣传有机结合,做到土地资源的高效利用、采取低碳供热、推行公共交通和非机动车交通出行、构建环保建筑认证体系等生态规划①。而在我国,这种综合性和全局性的统筹安排和规划程度还十分低。因此,我们在制定环境规划和区域发展规划时,必须学习国际经验为我所用,以经济发展和社会建设的进展来带动环境保护事业的发展。

---

①　中国城市-中国网.舟山新区概况[EB/OL].http://city.china.com.cn/index.php? m＝content&c＝index&a＝show&catid＝188&id＝25907454,2015-01-05.

第九章
舟山海洋保护与区域发展的几大实践模式

　　根据舟山区域内不同岛屿的功能类型划分,舟山市政府在《舟山市海洋环境保护"十二五"规划》中为区域内各地的发展描绘了蓝图。这一规划是在对当地人口、资源、环境因素进行综合分析的基础上产生的。它涉及许多方面的内容,包括海洋生态补偿机制、海洋生态保护区、海洋环境监测、灾害预报、海洋生物资源恢复,以及近海环境治理和生态保护等多方面的政策措施和项目工程。这一规划在全面考察舟山各地自然生态条件的基础上,根据经济发展与海洋生态保护相协同的原则,对舟山各地的建设提出了各具特色的发展导向。基于这些分析和考察的结果,舟山政府形成了该区域发展的总体设想。其基本构架是,在舟山本岛和朱家尖镇建设海洋生态旅游示范型花园城市,在六横镇发展以海运物流、仓储、船舶制造等产业为主导的综合岛模式,在岱山—嵊泗等地采用发展现代渔业养殖等海洋新兴产业模式。这些模式为舟山地区发展以海洋为导向的蓝图提供了科学基础。在本章中,我们将结合区域规划来讨论舟山新区各地发展的特点和相应的发展模式,展示该区域发展蓝图所包含内容的多样性和丰富性,也对该区域的发展前景进行了展望。

第一节　强化海洋生态旅游业的发展：朱家尖模式

1. 朱家尖镇的基本情况

朱家尖坐落于舟山岛东南方，陆域面积 72 平方公里，是舟山群岛 1300 多个岛屿中的第五大岛。它与普陀山、沈家门和桃花岛隔水相依，构成舟山"普陀旅游金三角"①。该岛屿拥有民航机场、跨海大桥和客货码头与舟山本岛相联系，共同形成了海陆空交通联运系统。朱家尖的东部南部为丘陵高地，西部北部为海积平原。其东部拥有良好的自然生态条件和秀丽的景色，处在普陀山国家风景名胜区范围内，是舟山群岛发展旅游最具潜力的地区。该岛是普陀山旅游的门户，也是舟山海岛旅游的集散地。2014 年，朱家尖镇拥有常住人口 2.8 万，是舟山地区各镇中人口较多的镇。当地渔农民人均年收入约为 23000 元，达到舟山地区人均年收入的平均值。该镇在 2014 年的 GDP 产值达到 40 亿元，其中工业产值在 GDP 中所占的比重为 67.4％，渔业为 28.6％。同年，全岛旅游接待人数达到了 480 万人次，较 2013 年增长了 10.06％②。

朱家尖镇具有丰富的旅游资源，是建设海洋生态旅游示范型花园城市的理想之地③。岛东部、东南部的大沙里、樟州沙、东沙、南沙、千步沙、里沙、青沙等均为纯净的大沙滩，目前已经开发出拥有金沙碧海、黑松林与度假村别墅等景点的南沙景区。该景区也常常举办中国舟山国际沙雕节等活动。此外，岛东部的"樟州景区"具有景点 8 处，包括以鹅卵石为标志的大乌石塘景点和位于朱家尖东南面的情人岛等。岛屿北

---

①　舟山市普陀区人民政府朱家尖街道办事处. 朱家尖概况［EB/OL］. http://www. zhujiajian. com. cn/Tmp/indexContent. aspx? ChannelID＝74e0d355-b73d-486e-8a32-a9ad537eb1f6，2016-01-30.

②　舟山市普陀区人民政府朱家尖街道办事处. 朱家尖街道 2014 年国民经济和社会发展统计公报［EB/OL］. http://www. zhujiajian. com. cn/Tmp/newsContent. aspx? ArticleID＝80080859-6ee6-432c-bb66-4d9297c4641f，2015-06-10.

③　周南. 五大重点工程将强化舟山海洋环保和防灾减灾体系［N］. 中国海洋报，2012-08-24.

部的"佛光景区"面积达 7.21 平方公里,拥有近 30 处景点。其中的观音文化苑素有"海上莫高窟"的美称。

在朱家尖岛的南端,大青山海岛生态公园总面积有 2.97 平方公里,海岸线达 30 多公里,大青山最高海拔 378.6 米,在依山脚而建的 9 公里环岛一线上,形成了牛头看沙、箬槽观海、猫跳品礁、彭安赏石等各不同的观景带。朱家尖岛也因此被誉为"东方夏威夷"和"海上雁荡"。此外,岛区优良的深水岸线可以发展国际邮轮产业;也因为有观音文化,朱家尖可以成为普陀山观音文化的辐射地。可见,这些优良的自然和人文景观资源,为发展朱家尖海洋生态旅游区提供了良好的条件。

自 20 世纪 80 年代后期起,舟山政府部门不断鼓励和引导旅游区的开发,这为推动全面发展朱家尖休闲旅游服务提供了动力。朱家尖旅游区的开发始于 1988 年,而相应的负责朱家尖国家级风景名胜区规划和保护的"开发建设管理委员会"也于 1993 年成立。浙江省相关土地开发管理部门自 1993 年以来陆续编制了一系列朱家尖发展规划,逐渐形成了该地区要以发展旅游业为导向的思路路径。在镇政府和朱家尖风景旅游管委会的合力下,朱家尖风景区旅游体系不断完善,全岛一体化的管理进程得以推进。

由此,基于丰富的旅游资源和独特的海岛景观,朱家尖开发建设管理委员会和旅游管理委员会将经济发展重点投注在旅游产业,使得旅游业等第三产业在朱家尖得以蓬勃发展。管委会十分注重人与自然和谐共处,强化一体化旅游管理,力争把生态建设与海洋经济发展的需要统筹兼顾,实现当地经济和环境的可持续发展[①]。朱家尖地区逐渐形成了南沙国际沙雕艺术广场、大青山海岛生态公园、白山的观音文化苑、乌石塘、情人岛这五大龙头景点。2009 年,朱家尖获评国家 AAAA 旅游景区,并获得了"浙江省十大最佳旅游度假胜地"、WTF"最佳生态目的地"等荣誉[②]。

除了开发景观旅游以外,近年来朱家尖旅游风景区也通过组织多种

①②　罗虎.国家重点风景名胜区中国国际沙雕发源地朱家尖[J].今日浙江,2003(6):1-2.

国际性文体赛事来培育旅游口碑,吸引了众多国外的游客和投资者。在朱家尖旅游项目的开发过程中,相关工作部门根据岛区多元化的自然条件,因地制宜,依海开发海滨浴场、依托海滩开发沙滩文体项目,并集中利用优质沙土开发沙雕文化,利用普陀佛教名山的声誉发掘佛教修行文化,等等。这些活动使得朱家尖成为华东地区滨海休闲旅游开发典范的同时也打开了其国际旅游市场[①]。1999年国际沙雕节的成功举办使得朱家尖成为我国沙雕艺术的发源地,开拓了沙雕旅游先河。沙雕节被列为浙江省"十一五"旅游规划重点打造的节庆活动,成为舟山对外旅游宣传的品牌和中国滨海旅游节庆的成功典范[②]。

二、发展海洋环境保护和生态旅游所面临的问题

经过多年的开发建设,朱家尖景区已是享誉华东地区的旅游胜地。自舟山群岛被批复成为国家级新区以来,朱家尖凭借其秀丽的自然景色抓住了该政策带来的旅游发展契机。海岛城市别具特色的海洋景观和宜人的自然条件使其成为良好的度假疗养胜地,便利的住宿、餐饮、交通、购物等旅游配套服务产业的发展,也使其成为我国滨海旅游开发的示范区。在下一步的发展中,朱家尖生态旅游发展要致力于解决以下六个方面的问题。

一是大力提升旅游产业的整体发展水平,提升品牌影响力,吸引大项目来引领和带动区域经济。朱家尖具有丰富的自然和海岛资源,但目前仍没有形成以旅游产业为主体的产业链和产业群。尽管该区具有发展旅游的一些小型项目,发展以沙滩、奇石、岛礁、森林为内容的观光旅游,但目前大型旅游产业项目还很少,开发力度不够,国际声誉尚有待拓展。资源瓶颈尚未突破,缺少大的开发建设投融资平台,具有国际影响力、留得住游客的高端度假型产品还很缺乏。

二是岛区旅游的时间和空间分布不均衡,季节性旅游的特征十分明

---

①　罗虎.国家重点风景名胜区中国国际沙雕发源地朱家尖[J].今日浙江,2003(6):1-2.
②　中国海岛旅游网.舟山朱家尖[EB/OL].http://www.china-haidao.com/html/house/1103.html,2008-04-10.

显。在朱家尖,游客高峰期主要集中于 7 月、8 月、9 三个月,其他月份在旅游市场的竞争力较低。在此,朱家尖海滨浴场是当地旅游的亮点,吸引了许多外地游客,其中南沙海水浴场声誉尤佳。这一浴场的水质状况在 6 月到 10 月为优,健康指数全部为 96 分以上,适宜和较适宜游泳的天数比例达 87%,客流量也因此较多。但在不适宜下水游泳的季节中人流量就很少。此外,旅游业的区域分布也很不平衡,主要聚集在岛东南部,岛的中部和西部旅游产业几乎为零。且岛区现以观光旅游为主,而游客参与互动型、休闲体验型和禅修等其他种类的旅游产品开发不足。

三是不同产业发展的融合度不够,基础设施相对滞后。在产业融合方面,朱家尖工业企业规模较小,而且大多以船舶配件制造和水产加工业为主。农业方面虽然打造了朱家尖西瓜、牛角湾柑橘等品牌,但品牌知名度和规模化经营程度均不高,尚未形成农业旅游产业。基础设施方面的滞后则体现为各个景区之间互通性不够,景区周边旅游接待设施档次较低。除了少数几个景点外,游客服务中心和旅游景点的设施条件较为落后,国际化程度不高。尤其是在樟州、月岙等地,存在较多的生产方式较为落后的渔村,交通方面缺乏整体性考虑。同时,土地资源缺乏也是该岛发展的瓶颈问题。受规划严格控制,朱家尖岛的东部与普陀山并属国家级风景旅游区,可利用土地较少;岛的中西部靠近普陀山机场,要为今后发展航空产业园预留地,另一部分为基本农田,因此安排其他项目的土地指标较少[①]。

四是环境保护压力不断增大。朱家尖地区的常住人口约为 2.68 万人,但随着舟山海岛旅游的进一步发展,季节性旅游和客流量的增长也给当地的环境保护带来很大的挑战。这使游客带来的生活垃圾污染成为岛区旅游面临的一大难题[②]。大量游客会在海滩露营等休闲活动中留下烧烤炭灰和塑料废物等垃圾,大大降低了沙滩原有的品质。且这些废弃物会随洋流扩散到海洋当中,给海洋生态环境平衡带来威胁。海洋

---

① 人文网.朱家尖岛[EB/OL].http://www.renwen.com/wiki/朱家尖岛,2014-03-10.

② 中国钓鱼网.海钓好去处-舟山朱家尖岛[EB/OL].http://www.18023.com/1141.html,2008-03-12.

浮游生物会误食此类垃圾,给海洋生物多样性带来破坏。此外,朱家尖岛的自然生态环境还面临着空气污染、水体污染、噪音污染和固体垃圾污染等威胁的挑战。例如,跨海大桥通车使朱家尖的汽车尾气污染增多;旅游人数持续增加则使朱家尖生活污水处理的压力增大,而在提高景区接纳能力的过程中也会加剧景区的噪音污染。

五是配套服务产业发展不足,公共服务体系十分薄弱。旅游业的兴起和衰败往往与第三服务产业的发展状况紧密相连。一般来说,旅游景区的住宿餐饮和休闲活动的档次质量直接影响着消费者的旅游感觉。在朱家尖景区,海鲜美食是海岛旅游吸引外来游客的一大亮点,目前该岛虽然已有满足各种消费水平的第三服务产业(包括价格低廉和便利的农家乐食宿),但在旅游旺季,仍常常出现服务供不应求的状况。

六是景区内对于生态环境保护的公共服务体系建设不足,例如有关垃圾回收再利用的硬件设施的缺乏不利于引导游客树立文明旅游、保护环境的意识。当前,旅游垃圾的急剧增长在意识层面上是由于不少游客缺乏环境保护意识。景区在如何培养游客的环境保护意识方面进行的探索仍处于初级阶段。因此,如何在旅游公共服务体系中对游客进行有效的生态环保警示,增加其环保教育功能,并设立奖惩制度,让游客们自觉主动地采取海岛环境保护行为,已成为朱家尖生态旅游建设的重点难点任务。[①]

三、朱家尖的发展定位:打造海岛文化旅游圈

为了解决上述问题,朱家尖明确其发展定位,围绕发展战略目标来制定推进地区整体建设的战略。2015 年 10 月 12—14 日,国际海岛旅游大会在朱家尖岛召开,新区政府指出未来五年舟山将建成“国际著名的海岛旅游休闲目的地”和“世界著名的佛教文化旅游胜地”,且预估到2017 年,旅游产业增加值占 GDP 的比重将达到 8%,游客接待总量达到

---

① 全国党建网站联盟. 朱家尖“十三五”时期经济社会发展思路研究[EB/OL]. http://www.zhujiajian. com. cn/Tmp/newsContent. aspx？ArticleID＝c19f2aa9-48b7-4d0d-99dc-e9dd caebb3d2, 2015-6-17.

5500万,同时旅游行业就业人数预估要达到总就业人数的10%[①]。而作为舟山新区旅游事业发展的核心区域,朱家尖在推进新区旅游发展的任务中要承担重要的责任。因此,在"十三五"时期,朱家尖的发展目标是要建设以休闲度假、海洋科研教育等为特色的生态旅游"自在岛"和"海岛花园城"。这一定位也更加明确了朱家尖大力发展海上旅游事业的方向。

为了大力推进旅游事业的发展,朱家尖地方政府针对其所面临的问题,着重提高旅游的品质,强化基础设施建设。他们关注大型项目的招商引资,因为建设高端游乐设施、文化娱乐设施、体育设施和休闲疗养设施等都需要有一定的资金支持。同时,也力图扩展目前设施的功能。例如,在朱家尖白山围垦地区规划建设的滨海体育休闲区项目,可以为发展无动力游艇等高端体育休闲产品提供条件。在西岙地区的游艇俱乐部、国际邮轮码头、西岙旅游集散中心等项目,也可以打造成长三角地区最大的游艇休闲基地。这些项目如果能够建成就可以提高该地区旅游的整体档次和品位,也可以分散季节性的游客,使朱家尖成为全年均适宜旅游的休闲之地。

朱家尖进行全方位旅游开发的另一个瓶颈问题是旅游区域分布的不平衡。目前,该区的旅游景区集中在岛东南部,而其他区域开发不够。因此,要执行朱家尖发展的区域发展规划,就要实施"一区两园四大产业"战略。具体地说,"一区"是指打造国际旅游岛核心区,"二园"指建成航空产业园和观音文化园,"四大产业"指重点发展佛教文化产业、休闲旅游产业、健康养生产业、通用航空产业[②]。根据这些功能结构的配置,朱家尖要形成"一岛两区"的格局,就要在东部区域依托自然景观形成滨海度假区,在西部依托机场、旅游集散中心、海岸线形成相关的旅游配套设施区(包括游艇海洋工程区、临港生态产业区、海洋湿地运动区)以及服务普陀山佛教圣地和滨海旅游的综合服务区。按照这一布局的发展,就可以形成东、西两个地区功能互补的作用,从而形成朱家尖大桥桥头

① 中国海岛旅游网. 舟山朱家尖[EB/OL]. http://www.china-haidao.com/html/house/1103.html,2008-04-10.

② 人文网. 朱家尖岛[EB/OL]. http://www.renwen.com/wiki/朱家尖岛,2014-03-10.

板块、北部围垦板块、西部围垦板块及西岙板块、中央综合服务区板块这五大片区的总体空间布局。这种布局的实现将从根本上改变目前朱家尖的旅游人流主要涌向东南部而其他区域则人流很少的状况,把朱家尖全岛都建成旅游区域。

就经济发展来说,朱家尖各种产业的发展要服务于区域发展的总体目标。目前,朱家尖已经形成了以中央综合服务区为核心,旅游、工业和渔业农业等产业组团的格局。在下一步的发展中,要聚焦旅游产业的发展,并形成多产业的配套和协同。区域内各产业要协调合作合理布局,避免因产业分工重复而带来的不良竞争。此外,由于海岛所具有的隔离性和生态环境脆弱性的弊端,人类活动对岛屿的生态环境以及海洋资源的影响很大。因而朱家尖在发展进程中,也要在旅游开发中避免破坏潮间带或在沿海岸筑堤防及其他沿岸生物的栖地,避免导致天然海岸线的消失。朱家尖空间布局要把经济发展与海岛生态环境保护的双重目标有机结合起来,充分考虑发展与生态保护的协调性问题。

当然,在海岛环境的保护方面,朱家尖要想推进以海岛生态环境为特色的生态旅游业,就要大力倡导绿色文明和海洋文化的观念,并通过社会组织的行动来强化对岛区及周边海洋的保护。为此,一方面要控制工业和房地产业的开发对原有环境的破坏,集中处理和解决污染垃圾并完善相应设施,在开发历史文化景区的同时不随意破坏原有的建筑和环境;另一方面则要进行绿色景观建设,努力打造绿色生态和环境优美的城区[①]。这些工作任务充分地反映在当地政府编制的《朱家尖城区控制性详细规划》中,并且为打造国际滨海度假岛这一总体目标服务,政府也积极推进雨污水管网分离、景观绿化、建筑立面美化、停车场人行道改造等工程,实现对整个区域的合理规划和布局。

最后,要想成为具有国际标准的旅游休闲基地,发展良好的公共服务和高质量的商业服务也是必要条件。为此,地方政府要大力建设公共服务设施,并结合旅游发展规划对公共设施用地进行合理布局。高质量

---

① 中国钓鱼网.海钓好去处——舟山朱家尖岛[EB/OL]. http://www.18023.com/1141.html,2008-03-12.

的商业服务配套建设涉及商业金融、旅馆设施、旅游商贸、游乐设施等方面，这些服务可以相辅相成，共同支撑地方服务体系的运作。这些公共服务建设也涉及公共安全、医疗卫生、行政办公综合服务、公共交通、文化娱乐、教育科研设计等社会领域。为此，国际旅游地建设的任务不仅仅是经济的，也需要强化社会公共服务，形成完整而协调的公共服务系统，甚至把发展法律文化教育等因素也纳入整体区域规划和建设过程中。

第二节　推进海运物流仓储业的发展和港区建设：六横模式

一、基本情况

六横岛位于舟山南部海域，是舟山群岛的第三大岛。从自然地理区位看，六横岛处于我国东海岸线和南海岸线的中心位置，是连接宁波与台州的重要交通枢纽，也是长三角地区众多经济相对发达城市（如上海、宁波、杭州等）的海上门户。六横岛紧邻宁波梅山保税港，在六横至宁波疏港公路建成后可与宁波梅山保税港连成一体。宁波梅山保税港区的建立在一定程度上可以带动六横岛港区的经济发展。六横岛发展以海洋为依托，在 2014 年实现了地区生产总值 73.09 亿元和工业产值 191.8 亿元，财政总收入也同比增长了 31%[①]。该岛的经济发展以船舶修造、港口物流、临港石化和海洋旅游为主的临港产业为基本构成[②]。

与朱家尖岛相似，六横岛也拥有海岛的美丽和秀色，是休闲旅游度假的好地方，具有丰富的海岛文化积淀和独特的人文景观资源。因而，六横岛可以连同普陀山、朱家尖、沈家门、桃花岛等岛屿一起构成舟山群岛的旅游资源。近年来，多功能度假村、星级酒店以及商业步行街等旅游设施的建设，也促使海港休闲旅游逐渐成为推动岛区经济发展的支柱

---

　　① 张友德. 2014 年政府工作报告[EB/OL]. http://www.liuheng.gov.cn/ShowInfo.Asp? id=5120&lm=13&lm2=0&lmn=%u653F%u5E9C%u62A5%u544A&lm2n=&lm3=&lm3n=&lmtype=1,2015-01-20.

　　② 达婷. 城市化背景下城市规划与产业规划的互动关系[J]. 山西建筑,2008,34(12):63-64.

性产业①。当然，与这些岛屿相比，六横岛具有更为优良的港口资源和深水岸线资源。该岛的深水岸线长达 16.8 公里，为大宗商品转运交易、散杂货运输和船只停泊提供了优越的港口条件。天然深水港湾的优势和绵延的海岸线，加之广阔的平原腹地，使得六横岛在舟山港区占据极为重要的国际航线地位。除了深水港湾资源，该岛还拥有四个国际锚地资源，从而使它在港口建设中具有独特的优越性。

依托区位优势、资源条件和政策优势，六横地区现已初步形成了以港口物流、船舶修造、临港石化和海洋旅游这四大产业区块为主的海洋经济体系②。尽管六横岛在产业方面主要以生产服装纺织、水产加工、船舶修造和机械五金为主，但近年来船舶工业的迅速发展，使六横成为普陀区最大的船舶修造基地，年修理世界各国船只近 300 艘。除了开发大型修造船基地、钢铁矿砂中转基地等大型临港产业项目，一些海洋科技、海岛旅游和港口物流等新兴海洋产业集群的逐渐壮大，也成为六横经济发展的新兴支柱③。多家石化和能源企业的项目也都在落实和实施中，这些企业也成为推动六横岛岛区工业产值增长的中心力量。

作为发展导向，目前舟山市政府为六横岛的开发提出了"三大定位"的目标，要求把六横岛建设成为"国际化、现代化、生态化"的临港产业岛和港口宜居城市。为此，当地政府把大力发展临港产业作为发展目标，大力拓展"以港兴岛"的战略，并围绕这个目标发展了以运输、物流、船舶修造为基本内容的临港产业格局。在此背景中，六横镇政府引导岛区居民利用其资源优势，大力发展港口运输、物流服务和海岛旅游等产业，增加当地货物吞吐量，强化新兴临港产业的发展。依托这些战略引导和经济发展的实践，六横岛正在逐步将岛区拥有的港口资源潜力转化成能带动整体经济发展的现实优势。由此，我们可以把六横岛的发展模式总结

---

① 杜锦霞，丁渊骘，程敏东.六横：打造海洋深水港口的宜居宜业海岛城市[J].中国经贸导刊，2015(1)：35-37.

② 全国党建网站联盟.朱家尖"十三五"时期经济社会发展思路研究[EB/OL].http://www.zhujiajian.com.cn/Tmp/newsContent.aspx? ArticleID=c19f2aa9-48b7-4d0d-99dc-e9ddca ebb3d2，2015-06-17.

③ 丁洁帅.舟山：建设国际海岛旅游目的地、佛教文化旅游胜地[EB/OL].http://gb.cri.cn/43871/2015/08/12/5631s5064190.htm，2015-08-12.

为在国际港口发展中的临港产业模式。这一模式的发展路径主要以建设物流和港口产业为突破口,在加大港口物流业和煤炭货运中转码头建设力度的基础上,也关注船舶修造业的建设,把六横岛发展成为舟山最大的船舶基地。

特别是在2008年舟山市六横开发建设管理委员会成立以后,六横岛在全面实施以海洋经济建设为主导的发展战略、强化六横岛开发建设力度方面取得了显著的进展。当地政府抓住国家有关海洋战略发展的政策优势进行工业产业升级,逐步把六横岛建设成为舟山海洋发展战略的重要基地。为此,舟山市政府赋予六横镇市级经济管理权限和县级社会行政管理职能,增大当地政府的管理权限来推进岛屿建设。例如,在岛屿的配套基础设施建设方面,六横环岛公路的建设以及宁波—六横跨海大桥的建设都给当地发展提供了便利。同时,装备较为先进的火轮船和快艇可以自由往返于六横岛和沈家门、定海等地,加强了岛屿间及其与城市的联系。便利的交通设施也使岛屿供电和供水设施得以逐步完善,为岛上居民生产生活提供了保障。而文化、教育、医疗和商业领域等公共设施的改善也为深化六横岛建设提供了坚实基础。

二、经济发展与海洋生态环境保护的矛盾

改革开放以来,六横岛通过港口经济的发展逐渐由原来的小渔村发展成为海运中转的港口区域,而且在物流服务、船舶修造、能源石化等产业的发展方面也取得了一定成果。自2008年以来,六横岛的船舶工业逐渐发展起来,船舶修造企业的生产任务饱满。随着工业投入增长加快,基础设施的发展情况良好,不仅建立了发电厂,使得电力供应充足,且围填海工程也顺利实施,并建成了小郭巨临港产业园区。近年来,海洋科技、海水淡化和利用等高新产业也被引入六横产业园区的建设中,发展了以大型临港物流、船舶修造、新兴装备制造及大宗物资储运加工等产业为主的临港高新产业园区。

六横岛发展临港工业的进程不可避免地要涉及海洋生态资源的保护、开发和利用问题,也会对海岛生态环境带来挑战。工业化生产和海

洋运输都会带来海水污染和生态恶化问题,使海岛及其邻近海域遭受一定程度的破坏,进而影响岛区居民的生产活动和生活质量。各类造船厂和石化项目在六横岛的落地建设也给海洋生物多样性的保护带来了威胁。而且,从海洋环境保护的现状看,《2012年浙江省海洋环境公报》显示六横海域环境状况堪忧,超过3/4的周边海域为严重污染海域。岛区开发的围填海项目也会损毁一些海岛资源,甚至导致部分岛屿面临消失的威胁。此外,依照六横临港产业基地的规划,围填海工程将使六横岛西南部的7个岛礁消失,这些岛屿特有的生态系统也将不复存在,并且这种破坏所形成的影响也是不可逆的①。

　　但是,作为舟山发展临港工业的目标岛屿之一,六横岛的开发势在必行。因而,如何有效地协调开发与保护的矛盾就成为地方政府高度关注的问题。针对这一矛盾,六横地方政府在海洋生态的修复和保护工作主要反映在以下几个方面。首先是在观念上正视生态环境被破坏的现实,看到了在建设国家级高新技术开发区的过程中对于地区生态环境带来的破坏作用。以围填海工程为例,政府在充分意识到围填海可以拓展六横岛海洋经济发展空间的意义的同时,也看到围垦把许多小岛联结成一个大型人工合成岛,打破了原有的生态圈,使各个小岛临近海域的生态环境和生物多样性受到损害。这势必会限制海洋经济的可持续发展。

　　其次,限制围垦工程的区域,并对围海工程造成的污染和破坏的原生态海岛环境进行修复。在此,当地政府部门强化了对于《海岛保护法》的执行力度,对违反这一法律的开发行为进行遏制和严惩。以往肆意的连岛造陆工程将不再被法律认可,当地政府部门要求那些对海岛及其周边海域生态系统造成严重破坏的组织与政府有关部门共同制定生态修复方案,并报本级人民政府批准后组织实施②。不过迄今为止,尽管六横地区已经开始强调环境修复工作,但如何平衡围海工程的经济效益和生态破坏之间的矛盾,如何把提升围填海技术与减少岛屿资源破坏这些

　　① 王震,李宜良.海岛经济可持续发展模式探究——以浙江省六横岛经济建设为例[J].中国渔业经济,2011,29(4):151-155.
　　② 舟山市人民政府办公室.六横临港工业形势发展良好[EB/OL].http://www.zhoushan.gov.cn/web/zhzf/zwdt/zwyw/201407/t20140717_701892.shtml,2014-07-17.

问题联系起来,统筹兼顾经济和环境利益,仍然是该地区亟待解决的难点问题。

与此同时,淡水资源匮乏是六横岛发展人口、资源、环境方面突出的限制因素。六横岛开发所需的淡水资源补给以往主要依赖于降水。但岛区地表截水能力低,大部分雨水都是直接流入海洋或被强烈的日光照射蒸发,因而实际可供利用的水资源较为缺乏①。同时,在工业开发和经济建设中各种农业用水、工业用水以及居民生活用水的不合理处置,都会对海岛的水资源质量带来严重威胁,特别是化肥农药的过量使用汇入岛区河流水道,致使淡水资源氮磷元素超标和水体富营养化。在保护水环境方面,六横地方政府强调依照科学的规划和严谨的实施步骤,大力改善岛区农村污水处理设施,加强对临港重工业企业污水排放指标的控制,升级企业的污水治理系统,同时大力发展海水淡化工程。

三、发展"综合性临港工业"模式

发展"综合性临港工业"模式,需要在港口的规划设计、产业规划、海洋保护的配套措施等多方面进行工作。在规划设计方面,六横开发要以六横岛为核心,将虾峙岛、佛渡岛、东白莲岛、西白莲岛、凉潭岛、湖泥岛等岛群囊括在内形成综合开发区域。根据岛屿的资源分布,当地政府可以将整个六横开发区规划为几大产业区域。在北部水深幅度深浅不一,开发各类船舶的修造和配置产业,发展船舶机械工业基地;在南部海岛风光秀丽、具有丰富的海洋旅游和度假休闲资源,可打造成休闲旅游和高档居民住宅区;其东北方是深水良港,为大型船舶进行中转运输和停靠提供了条件,可发展大宗商品储运业和大型能源物流项目;在西南部岸线较短,滩涂资源较为丰富,围垦开发空间较大,适宜发展石化项目等临港产业②③。

---

① 百度文库.舟山市海洋旅游产业发展总体规划领导小组[EB/OL]. http://wenku. baidu. com/view/999bbae9102de2bd960588b1? fr=hittag&album=doc&tag_type=1,2012-04-02.

② 孟阿荣,刘诗剑.普陀:船企"转舵"远航[J].今日浙江,2012(24):33.

③ 吕月珍,孔朝阳.浙江海岛渔农村水环境污染现状及治理保护对策探析——以舟山六横岛为例[J].海洋开发与管理,2012(9):66-69.

　　此外,地方政府通过确立"逐岛定位,分步实施"原则来规范六横岛的开发,不断调整发展规划,根据"一岛一功能"或"一岛多功能"的定位,打造各具特色的功能岛群。在提高现有临港产业发展实力的基础上,以龙头企业为核心,继续实施大项目带动发展战略,建立临港重化工基地。为了将整个六横区域开发成集聚船舶修造业、海岛旅游业、能源物流业、石油化工业、海水淡化、物流服务业、加工业以及海洋新能源等多种产业在内的六横临港产业岛群,在六横小郭巨区块建设石化基地,在虾峙的黄石围垦区域谋划布局海洋工程装备等产业,并重点开发六横船舶工业区块,控制零星分布规模,优化船舶修造业布局,形成区域性船舶修造产业集群。

　　在发展"综合性临港工业"时,六横区域的开发也要高度注重海洋生态的保护。由于六横岛临港产业的开发会造成大量的工业"三废"污染物,岛区要从治理和预防两方面入手,对工业产业进行整治以减缓海岸生态恶化情况。在治理方面,加强工业污水和废品的处理,达标后再排放,并将污染源限制在规定区域内以防止污染的扩大化给海洋环境带来严重的不良后果。追求在平衡好环境与发展的基础上实现海岛资源的可持续性,对岛内的企业生产和资源开发进行严格审批和限制。在防控方面,完善近海水产养殖的环保基础设施,要求农户科学合理使用农药化肥以避免有害化学元素超标带来水体富营养化灾害。同时,整治居民生活污染源的项目,防止因日常生活中不合理处理生活垃圾和随意排放生活污水而造成污染[1]。

　　近年来,舟山市政府和六横镇地方政府在加强环境治理、强化民众的环保意识方面也进行了许多工作。2009年,六横镇对5个村的生活污水进行整治,涉及农户6156户,投入整改资金1000多万。同时,铺设污水管35700米,建造污水净化池41只,容积5489立方米。为全镇村庄配备卫生垃圾清运车辆和保洁员以进行垃圾集中收集处理。全镇到2010年在渔农村新建15个公厕,保证了每个村设有一座无害化公共厕

　　① 吕月珍,孔朝阳.浙江海岛渔农村水环境污染现状及治理保护对策探析——以舟山六横岛为例[J].海洋开发与管理 2012,(9):66-69.

所。在污水管网建设上投入 2750 万元资金,建立了 25 千米污水联网主管道和 10 千米自来水联网工程,使全镇 6.8 万人在饮用水改造后受益①。另一方面,加强对当地居民环保意识的宣传教育,提高他们对水资源现状的了解,通过各种大众传播媒介宣传环境保护政策,并加强岛区未成年人的环保意识和环保责任感,从而落实岛区可持续发展的理念。

与此同时,建立健全港口、航道、锚地气象防灾减灾体系,加强临港产业气象灾害防御和安全生产也十分重要。这些措施包括加强气象灾害预报预警发布机制,及时发布大风、台风、雷电等重大气象灾害预报信息,增强临港产业抗御气象灾害风险能力,完成重大气象灾害发生前及时预警、灾中跟踪服务、灾后调查评估等工作。②同时,完善临港产业气象监测网建设,为临港产业快速、稳定发展提供科学参考依据。在港口物流安全检查方面,深入落实责任制度,严格危险货物申报程序,在危险货物作业现场设置警戒区域并实行封闭式管理,明确管理责任人及安全巡视人员,以确保作业区域的安全可靠。加大打击非法违法航运活动,对危险货物装卸、储存、运输等环节展开安全隐患大排查,全力将事故隐患消灭在萌芽状态③。

第三节 发展现代渔业养殖和海钓产业:
岱山—嵊泗模式

一、区域情况

岱山县国土面积 5242 平方公里,位于舟山群岛新区中部,毗邻上海国际航运中心,该地区陆域面积占 326.5 平方公里,共有 379 个岛屿(其

---

① 蔡丽萍.六横岛东部围填海对沉积物和底栖生物的影响[D].舟山:浙江海洋学院,2012.

② 中华人民共和国海岛保护法[N].中国海洋报,2009-12-29.

③ 王震,李宜良.海岛经济可持续发展模式探究——以浙江省六横岛经济建设为例[J].中国渔业经济,2011,29(4):151-155.

中住人岛屿仅 29 个）①。其中，岱山本岛面积 119.3 平方公里，为全市第二大岛。岱山县具有优越的地理条件。全县辖 6 镇 1 乡，85 个行政村，11 个小区居委会。2011 年年末，全县有户籍人口 19.05 万人，流动人口 5.7 万人，地区生产总值达 152.6 亿元②。从地理优势上看，岱山地处航运枢纽，境内海域广阔，是个海洋资源大县。岱山港口资源优势明显，港区岸线长达 717 公里，全市未利用深水岸线占总数的 40.9%；县域内另有条件良好的深水港址共计 10 余处。而且，上海洋山深水港的航道穿过岱山县境内，使该地区与国际航运中心具有密切联系。可以说，岱山是建造国际一流港口尤其是转港口和发展临港工业的理想选址。

同时，从海洋资源优势方面来看，岱山也是全国十大重点渔业县之一，年产水产品 33 万吨左右，潮流能资源也十分丰富。近年来，岱山县抓住海洋经济大发展的东风，围绕"三大定位、四个岱山建设"战略总目标，以打造临港先进制造业基地为主要抓手开展建设。2011 年，工业总产值连续跨过"三个百亿"大关，达到 335 亿元，财政总收入 16.4 亿元（地方财政收入 8.5 亿元），全社会固定资产投资额五年累计 292.4 亿元。同时，城镇居民 2011 年人均可支配收入和渔农村居民人均纯收入分别为 26907 元和 16702 元③，地区生产总值、财政总收入、工业总产值、全社会固定资产投资和财政总收入等主要经济指标增幅居舟山市第一。

嵊泗列岛位于我国东部海岸线的最中心，地处杭州湾以东、长江口东南，是长三角地区联通外海的门户，并兼具我国黄金海岸和黄金水道的双重区位优势，同时拥有丰富的渔业资源，是我国东海的鱼仓④。嵊泗县是舟山群岛最北部的一个海岛县，该县海域面积达 8738 平方公里，面积在 500 平方米以上的岛屿有 404 个。辖 3 镇 4 乡，2011 年年末户籍

①　中华人民共和国交通运输部. 河北秦皇岛港坚决确保港口安全生产［EB/OL］. http://www. cnbridge. cn/2015/0818/265672. html，2015-08-18.

②　孔朝阳. 舟山市六横岛农村水污染现状及治理对策研究［J］. 绿色科技，2011(10)：120-122.

③　吕月珍，孔朝阳. 浙江海岛渔农村水环境污染现状及治理保护对策探析——以舟山六横岛为例［J］. 海洋开发与管理，2012(9)：66-69.

④　新浪网. 舟山岱山县简介［EB/OL］. http://nb. house. sina. com. cn/news/2012-08-17/105039351. shtml，2012-08-17.

人口 79034 人①。2012 年的调查统计表明,其当年地区生产总值达 65.91 亿元,人均地区生产总值 83608 元。全县海洋经济总产出 119.97 亿元,海洋经济增加值占到 GDP 的 79.3%②。

同其他海岛类似,嵊泗列岛的旅游资源也十分丰富。其东部海域常年蔚蓝浩渺,素有"海上仙山"之美誉,是我国唯一的国家级列岛风景名胜区。作为休闲旅游、养生疗养的圣地,嵊泗具有基湖沙滩景区、花鸟灯塔以及明朝将领题书的"山海奇观"摩崖石刻和鉴真东渡遗址等众多自然和人文景观。地理区位较其他海岛县区更为独特,港池空旷,四周群岛环绕,深水岸线资源充足,常年航道通畅,不会淤冻,因而具有天然的旅游开发资源和海洋生态系统保护价值,成为舟山重点打造的旅游产业区之一③。

此外,嵊泗还拥有辽阔的经济腹地,不仅毗邻上海、杭州、宁波等经济发展较快的城市群,也受整个长三角地域经济辐射的影响。东海大桥的建成大大缩短了嵊泗与沪、杭两城经济圈的距离,使得长三角经济发达地区对其经济辐射作用更加明显,这也为将长江三角洲打造成亚太国际门户奠定了重要基础④。同时,它也是贸易船只出海进江的最佳桥头堡,因而拥有建设大宗商品储运中转港口的天然条件,能够促进江海联运运输行业的繁荣。近年来,舟山附近海域还开发了上海国际航运中心洋山深水港、上海宝钢集团马迹山矿砂中转码头、洋山申港石油储运基地等大型项目⑤,而嵊泗作为宁波—舟山港的重要组合港,其对于继续发展洋山港区、泗礁港区和绿华山港区也具有重要意义。

① 中国城市规划设计研究院.浙江舟山群岛新区空间发展战略规划(专题研究)[R].北京:中国城市规划设计研究院,2011.

② 袁碧华.岱山县区域位置图[EB/OL]. http://dsnews.zjol.com.cn/dsnews/system/2010/02/04/011816051.shtml,2012-03-26.

③ 嵊泗县统计局.嵊泗简介[EB/OL]. http://www.shengsi.gov.cn/_sstj/chnl9749/index.htm,2015-02-15.

④ 岱山:唱响"富强和谐"曲[N].新华每日电讯,2008-08-16.

⑤ 中共舟山市委党校.县情介绍[EB/OL]. http://ssdx.zsdx.gov.cn/DaishanDx/news/690583fd-3192-45b2-be77-3629fd4d1b3d.html,2012-06-05.

二、经济发展与海洋生态环境保护

基于岱山和嵊泗所具有的特点,舟山市政府对于这一区域的发展规划,主要以三个方面为导向:依托原生态的旅游资源,做强海洋旅游,突出休闲主题;同时,依托丰富的水产资源,强化渔业科技创新,做强现代渔业;此外,依托港口资源优势,做强港口经济。在第三个方向上,当地政府规划了一系列的发展项目,包括小洋山北侧围垦工程、洋山深水港展示中心、洋山申港国际石油储运有限公司、嵊泗县中心渔港(新港区)扩建工程、马迹山三期项目和矿砂中转码头、岱山本岛北部促淤围垦工程和鱼山促淤围涂工程等。此外,在旅游和渔业方面,政府也规划了马关围垦及旅游综合体规划项目,大悲山、东海渔村和东海色彩艺术村、岱山规划展览馆、岱山至舟山疏港公路等项目。

一般来说,发展港口经济与政府的决策和投资状况紧密关联。从目前的发展状况看,岱山—嵊泗地区在港口经济建设中所拥有的基础条件差、经济规模总量小,因而该地区走发展渔业和海岛旅游的导向才是现实的选择。在这种导向中,渔场建设、发展海水养殖业、组织海洋体育运动、拓展海洋休闲旅游等活动就成为基本产业。以海水养殖为例,目前该地区在嵊山岛和枸杞岛之间的海域有贻贝养殖1200多公顷,嵊泗绿华山海域的紫贻贝、大黄鱼养殖近200公顷,岱山丁嘴门海域的黑鲷养殖100多公顷[①]。在此,切实保护好该地区的海洋资源和生态环境就成为该区域发展的关键,这也使该区域的发展导向有别于朱家尖和六横。

然而,目前该区域在海洋生态保护方面的实际状况并不乐观。根据《2012年舟山海洋环境公报》,近年来在岱山丁嘴门和嵊泗绿华海水养殖区发生赤潮数次(赤潮生物主要为米氏凯伦藻),嵊泗枸杞海水增养殖区也发生赤潮数次(赤潮生物均为东海原甲藻),频发的赤潮灾害给该地区带来了巨额的经济损失。除了不合理的海水养殖行为带来的水体污染,近些年来大力发展的临港工业加剧了近海水体富营养化的程度,致

---

① 熊怡.漫游嵊泗 慢享生活[J].今日重庆,2011(10):94-97.

使赤潮生物不正常繁衍，从而带来反复发生的赤潮灾害①。为此，地方政府建设了沿海养殖以及临港工业的废弃垃圾排放体系，通过控制水体的质量以降低赤潮发生的概率②。同时，该地还设立了赤潮灾害监控站，采用航空遥感技术进行全方位实时探测，为沿海养殖产业提供规避风险的指导，最大限度降低养殖户的经济损失（见表9.1）。

表 9.1   2012 年舟山海域赤潮发生情况统计③

序号	地点	发生时间	赤潮生物	最大密度（个/L）	最大面积（平方公里）
1	黄兴岛—庙子湖—青浜岛南部海域	6月1日—4日	米氏凯伦藻（有害）	$2.4×10^6$	15
2	朱家尖东南部海域	6月4日—7日	米氏凯伦藻（有害）	/	30
3	岱山赤潮监控区	6月6日—7日	米氏凯伦藻（有害）	$3.1×10^6$	80
4	嵊泗嵊山岛东南海域和枸杞岛西南海域	7月9日—11日	东海原甲藻	$2.5×10^7$	10
5	朱家尖东南部海域	7月17日—20日	红色中缢虫	$1.17×10^6$	300
6	嵊泗海域	7月18日—22日	东海原甲藻	$7.2×10^7$	80

三、发展岱山—嵊泗的海洋经济模式

根据《浙江海洋经济发展示范区规划》和《浙江舟山群岛新区建设三年行动计划》，岱山—嵊泗在未来将重点打造岱山生态旅游岛和嵊泗蓝色海岸度假胜地等项目，并运用科学技术促进渔业产业升级，加强增殖流放进程。同时，充分运用其地理位置和港口资源的优势，深化港航运输业建设，通过兼顾海洋生态保护和经济增长，将整个岱山—嵊泗海区打造成综合型生态海岛区④。目前，嵊泗县、岱山县已经建成省级生态

① 港口大产业　嵊泗崛起新引擎[N].浙江日报,2010-07-13.
② 邢雁,朱志远.域位奇绝,山海醉人的嵊泗列岛[J].西南航空,2011(11):122-126.
③④ 舟山市海洋与渔业局(海洋行政执法局).2012 年舟山市海洋环境公报[EB/OL]. http://www.zsoaf.gov.cn/news/3ab8914e-2201-42b7-8b0e-8b0ca470c247.html? type=00066,2013-04-25.

县。未来将在此基础上进一步推进国家级生态县的创建工作。沿着这一导向,岱山—嵊泗海洋经济模式的成功有赖于以下工作的推进。

发展休闲渔业,提高渔业生产的附加值,并推进产业转型升级。由于渔业资源的不断减少和水产养殖成本的提升,传统渔民陷入生活和工作的困境。渔业产品价格下降和出口受限的困境也使渔民的经济收入难以增长,而且传统渔业的生产渠道也较为单一。为缓解渔业发展的矛盾、提高渔民的生活水平,发展休闲渔业就成了重要的途径。一方面,休闲渔业可以提高传统渔业的附加值,最大限度地综合利用有限的渔业资源创造出比传统渔业更大的经济效应;另一方面,发展休闲渔业是渔业产业结构进行升级的途径之一,它能够节约有限的渔业资源,推动可持续渔业发展战略,并为现代化渔业牧场的建设奠定基础①。

在此意义上,岱山—嵊泗的海洋经济发展要深入发掘渔业生产所具有的旅游休闲价值,把渔业与旅游业结合起来。例如,设立渔民捕鱼生活体验项目或观赏渔业养殖项目等,通过扩展旅游消费主体和经营主体的范围来吸引更多的游客参与。岱山县衢山凉峙休闲渔业旅游服务有限公司、嵊泗县南长涂渔沙乐园这两家单位在 2014 年 11 月成功地申报了"省级休闲渔业精品基地"并通过了考核验收。这些公司发展了集海上旅游、观海景、玩沙滩、吃海鲜、游泳、海钓、体验渔民生活为一体的旅游项目。尤其是,岱山县衢山凉峙休闲渔业旅游服务有限公司投资近300 万元建立渔业精品基地,公司拥有夜排挡 2 家,渔家乐旅馆 10 家,大小休闲渔船 4 艘。在 2013 年公司接待游客 1.3 万人次,创产值 120万元。嵊泗县南长涂渔沙乐园也投资 300 余万元创建了嵊泗县石柱渔家乐休闲渔业精品基地,公司拥有渔家客栈 40 家,床位 1000 个,从事休闲渔船 42 艘,从事渔家客栈、餐馆的三产人员达 120 余人。2013 年渔沙乐接待游客 7.8 万人次,创旅游收入近 600 万元,这些集渔业和旅游于一体的项目都取得了较好的经济、社会和生态效益②。

---

① 邢雁,段继文,程更新,等.域位奇绝,山海醉人的嵊泗列岛[J].航空港,2011(11):45-49.
② 舟山市海洋与渔业局(海洋行政执法局).2012 年舟山市海洋环境公报[EB/OL].http://www.zsoaf.gov.cn/news/3ab8914e-2201-42b7-8b0e-8b0ca470c247.html? type=00066,2013-04-25.

此外,大力推进海洋文化建设和文化宣传活动也是该地区发展的基本导向。围绕了解海洋、感恩海洋、爱护海洋的主题,结合地区特色举办相应的海洋文化节活动,既能够很好地展示岱山—嵊泗的独特渔家文化,也能进一步扩大当地休闲渔业旅游的品牌效应。为此,岱山县政府在2015年举办了第九届海洋文化盛会来提升旅游文化发展的水平,与此同时,岱山—嵊泗两县结合"美丽海岛"建设,通过整村整岛的环境整治和风貌打造,建成了一批彰显渔家文化的精品村。并且,两县以经营理念、安全知识、文明意识、高质服务、特色经营为培训内容,培养了一支综合素质较高的渔农家乐经营者队伍。

当然,该地区的地方政府也在尽力探索发展港口经济的可能性。岱山—嵊泗是建设我国东部地区重要海上开放门户的主要区块,特别是衢山岛按规划还将建设成舟山港综合保税区。在新区"一体一圈五岛群"的空间布局中,岱山本岛、大长涂岛、鱼山岛、衢山岛等岛群被纳入大型储运中转加工贸易中心的建设规划之中。按照规划,大长涂岛可以建设成我国最大的岛屿型商业原油及成品油储备基地、原油及成品油交割区;鱼山岛及周边围垦区域可打造成我国最大的现代化岛屿石化基地,在紧靠国际航道的衢山岛建设国际离岸燃油供应中心。为此,该地区在未来需要依靠各种扶持政策,进一步推进物流、加工、港口航运等产业的建设,努力形成集群发展,扩大经济增量,实现可持续发展。

第四节 参照国际经验的讨论

基于舟山区域发展规划,我们在本章讨论了舟山各地社会经济发展的基本导向和特点,并讨论了三种发展模式,即海岛旅游模式、临港工业模式及休闲渔业和物流转运模式。这些模式各有特点,是针对当地独特的自然环境和海岛区位状况而设立的。尽管这些海岛具有许多相似点和共同的发展目标,例如发展旅游和港口产业是各地所共有的工作任务,但推行多样化的发展导向才能充分发挥舟山群岛得天独厚的优势,更有助于实现舟山新区的综合发展。为了发展这些模式,我们可以充分借鉴国际经验来进行政策思考。因为要把舟山发展成国际型海岛花园城市,就必须参照国际经验来设立标准,拿国际经验作为镜子来对照我们的工作,并在国际比较的平台上寻找差距以及达成目标的现实路径。在此,我们可以回应第三章对境外经验的考察,借鉴新加坡港、鹿特丹港、汉堡港,以及马尔代夫等地的发展经验,来讨论这些经验对于建设舟山新区的启示。

一、旅游服务业模式（朱家尖岛—新加坡）

在上述三种模式中,朱家尖的旅游型发展模式可以与新加坡的建设路径相匹配。新加坡一直以来致力于建设花园城市,因而其经验对于我们把朱家尖建设成海洋生态旅游型文化港具有很大的借鉴意义。新加坡发展海洋旅游城市的经验是多方面的,其中便利的交通和发达的海空运是其海岛花园城市建设的一个基本前提。在新加坡,政府长期采取开放空域、海域的政策,积极兴建现代化机场和港口码头。与此相对照,朱家尖地区也具有舟山民航机场和跨海大桥,并且可以实现海陆空联运。但如果以高标准来进行衡量,其交通的硬件基础还不够完善,降低了旅游便利和限制了旅游人流量。因此,大力发展海陆空运仍是推进这一模式发展的关键。

增强旅游与购物和贸易之间的密切联系也是发展该模式的前提之一。新加坡利用其国际通商口岸的区位优势创建了免税购物区,汇聚来自世界各地的有价格竞争优势的货物,荟萃世界各地的美食,为各国游客提供多样化选择,成为各地游客的购物和美食天堂。尽管由于区域的限制,朱家尖不可能成为国际旅游购物的中心,但该地区仍可以充分发挥其佛教文化的资源优势,培育特色商品,打造朱家尖旅游的特色品牌①。另外,也要大力发展银行免税和住宿餐饮服务,提高服务档次,为

---

① 舟山市海洋与渔业局（海洋行政执法局）.我市两家休闲渔业精品基地通过省级验收［EB/OL］.http://www.zsoaf.gov.cn/news/a031aeec-cfcc-4bc9-8e03-5127ae3a490c.html？type＝OA,00,2014-11-25.

各类游客提供各种旅游的便利和不同层次的服务。

此外,拓展连锁旅游服务也是新加坡成功发展国际花园城市的基本措施。作为城市国家,新加坡国土面积狭小,其旅游景点并不多。因此,新加坡的旅游业发展不能仅仅依赖其本身拥有的旅游资源,还要吸收并利用相邻的东南亚各国的旅游资源,使之成为东南亚国家旅游的中转站。建立连锁旅游服务是推进这一发展的基本策略。这一策略的成功采用使新加坡成为世界十大旅游中心之一。朱家尖在发展海洋旅游业的进程中,也应充分利用其天然区位优势来推行连锁服务。朱家尖北与普陀山旅游区相连,西与沈家门渔港相连(可以开发海洋休闲渔业旅游区),可以成为前往这两个旅游景区的中转站,通过连锁服务覆盖舟山乃至宁波地区的旅游区域,从而增加朱家尖的旅游人流量和促进全季节旅游的发展。

与此同时,开展城市绿化活动也是新加坡成功的经验之一。新加坡是世界公认的花园城市国家,从 1973 年起,新加坡政府就在全国范围内推行植树造林运动,并且大力整治污水河道以改变市容市貌。这为其发展旅游业创建了良好的旅游大环境。朱家尖的绿化建设情况也很好,但在生活服务和污水治理方面与新加坡还存在很大的差距。因此,朱家尖在大力开发海岛旅游的同时应加强绿化覆盖和卫生监督,严格整治岛区内污染环境的工业企业,并明确国土开发的生态红线,在整个景区的空间布局、产业布局中明确区分禁建区、适建区和限建区[①]。

二、临港工业模式(六横岛—鹿特丹港、汉堡港)

在讨论六横岛的临港工业模式时,我们可以借鉴鹿特丹港和汉堡港的建设经验。首先,做好科学规划,集约利用土地资源,实施设施配套以避免重复建设造成的土地资源浪费。临港工业区的建设需要形成产业集群的联系和关联,以便提升运行效率、增加综合竞争力。德国汉堡港的建设经验表明,临港工业的发展要建立综合性的配套服务体系,在土

---

① 伍鹏.我国海岛旅游开发模式创新研究——以舟山群岛为例[J].渔业经济研究,2007(2):10-17.

地规划中要充分利用有限的土地资源发展配套的服务。特别是以产业集群方式来发展临港工业,需要以港口为中心合理布局港口工业,缩短港口产业集群与港口的距离,减少道路对土地资源的占用比例。在六横临港工业的建设中,我们面临着土地资源稀缺的突出问题。六横岛的区域有限,用地资源紧缺,水电等基础设施建设投入和运行成本也相对较高,对外交通及疏运条件受限。为此,六横临港工业区的建设可以借鉴国外港口建设经验,将港口土地以出租的形式提高使用效率,发展好临港工业。这也有利于充分开发并有效使用临港土地,在临港工业区内搭建企业公平竞争的平台,提高临港产业水平和经营效率①。同时,在有效利用土地的同时,也要大力发展产业配套设施和服务,形成多层次设施配套,提高配备的有效性和共享性,综合满足不同产业需求。

其次,也可以尝试引进国内外大型企业,形成临港工业区内企业良性竞争的氛围。港口建设的能力和规模取决于当地入驻企业的能力和规模。例如,在荷兰鹿特丹港区,就进驻有国际著名的 Shell(壳牌)、BP(英国石油)、ESSO(埃索)、海湾石油等跨国石油垄断公司,还有联合利华、可口可乐等著名食品加工贸易公司。这些公司给港口发展带来了经济活力。在汉堡港,港口管理部门鼓励港内不同公司间进行相互竞争,无论在装卸公司还是货运代理公司或者提供各种服务的其他公司之间,都保持相互竞争的关系。这种状况既形成了公平竞争的平台,也通过私人公司商业的运作确保了港口运作的效率。因此,这种经营者向政府租用土地并负责所有上部设施投资的港口开发模式可以为舟山所借鉴。它启示我们,在六横临港工业区的建设过程中,管理部门可以通过提供优惠政策和配套后勤服务来吸引国内外知名企业和跨国公司的入驻,并通过完善港口交通设施和公用工程,创造良好的投资环境和发展港口服务的便利条件,来增加港区对外来投资者的吸引力。

由于临港工业的发展常常会带来环境污染,因而在港口建设过程中要十分关注环境保护方面的工作。在这方面,荷兰鹿特丹港口建设的经

---

① 三亿文库.新加坡旅游业的发展及对我国的启示[EB/OL]. http://3y. uu456. com/bp-66f30737s727ase98s6a61c2-1. html.

验值得借鉴。在该港口围垦造地的建设过程中,管理部门留出一定面积的土地用于生态湿地建设以帮助修复港区的生态环境,减少港区的围海造地工程对海洋生态环境的破坏。六横岛的建设也可参照这些环保经验,将生态规划纳入其空间规划和产业规划以及整个港口的建设之中。特别是随着临港工业的不断发展,六横岛将面临更严峻的工业污染问题。因此,如何控制工业污染将是六横岛亟待解决的问题。在港口管理中,要根据各个产业集群的污染物排放种类、形式和排放量等信息,规划各个产业集群的污染物集中处理设施。由于同一产业集群排放的污染物种类和污染方式大致相近,因而可以在港区以产业集群为单位对排放物进行无害化处理,以便节约港区的土地和资金使用成本。

此外,基于港口面积有限的前提,六横岛在发展中也要最大限度地发挥港口的潜力,把港口作为向内地延伸的起点。通过与内地的密切合作,内地可以作为港口的可依靠的大后方,使港口扮演前哨、窗口和转运中心的角色。例如,参照国际经验,汉堡港是欧洲最佳的货物配送和物流集散地之一,鹿特丹港也是世界最大的转口港和最大的集装箱港口之一。这些港口的成功之处有赖于其内地产业和商业的支持。因此,具备港口的后方腹地是海岛产业发展的关键。为此,六横也需要拓展与港口相连的内陆腹地以便扩展港口的发展空间。为实现此目的,六横需要加快改善对外交通条件,来扩大腹地、建成联通六横与宁波的跨海大桥,使宁波成为六横这一海运货物进出窗口的后方基地,从而缓解六横岛环境承载力方面所面临的严重压力。

总之,借鉴荷兰鹿特丹港和德国汉堡港港口建设的经验,六横区临港产业发展的重点要放在以下几个关键方面。首先,必须充分利用其优越的港口资源大力招商引资,使该区域能够聚集国内外高新技术企业,形成产业集聚的规模效应。同时,科学规划港口土地资源的配备,形成结构合理的区域配布,包括中央商务区、专业服务区和配套服务区等功能区域,以便建成具有国际竞争力的物流、船舶制造和金融服务基地。此外,也要逐步建立与内陆的陆上运输联系,满足大运量客流的需求,扩展交通网络以方便生产和生活的需要。这些设施也能够提高对外来高新技术人员和务工人员流入的吸引力。最后,在关注海洋生态保护方面,应在岛屿规划中设立非建设用地或保留一定的湿地面积,为区域的发展提供良好的生态环境[①]。

三、休闲渔业模式(岱山—嵊泗—马尔代夫)

岱山—嵊泗的海洋经济模式以发展休闲渔业和海洋旅游为导向。这一定位与许多以发展海洋旅游业为导向的东南亚国家以及美国的夏威夷等许多海岛相类似。在此,我们可以以因海岛旅游而名扬四海的马尔代夫为例。马尔代夫由上千个珊瑚岛和几十组环礁组合而成,国家和地区政府从系统和整体观点出发,在充分考虑岛屿群落整体性的基础上,将各个单一的岛屿通过资源优势互补进行组合,形成了风格迥异的风景线和各具特色的景观,从而使海岛旅游服务形成了一个成熟的体系。在此,我们可以借鉴马尔代夫的经验来探讨其对于岱山—嵊泗地区发展休闲旅游模式的启示。

首先,发展具有特色的旅游景点,强调景观的独特性和唯一性,是发展海上休闲旅游模式的关键因素。马尔代夫群岛政府规定每个单独海岛都只允许一家投资公司经营旅游开发事务,每座小岛都配有唯一的度假村酒店及齐全的娱乐和后勤保障设施。而且,政府还要求每座岛屿只能突出唯一的特色景观。这些经验要求岱山—嵊泗地区努力辨析和培育各岛屿独特的景观标识和文化特质,避免重复开发、内容雷同,提高海洋资源的附加值。在发展岱山—嵊泗海洋文化旅游时,我们也要考虑系统地开发海洋资源,发展配套的旅游服务设施,把渔业资源、景区资源、乡村民俗文化和现代渔农业产业资源等进行有机结合,立足自然,发展渔农家乐休闲旅游产业链,并实现品牌经营。这种以创新性和独特性的方式来推进各岛区的旅游发展的做法,有助于提升整个地区对游客的吸引力。

其次,在发展海洋休闲的旅游活动中,要以休闲为基调,发展具有针

---

①　杨洁,李悦铮.国外海岛旅游开发经验对我国海岛旅游开发的启示[J].海洋开发与管理,2009,26(1):38-43.

对性的个性化的服务。在马尔代夫,政府十分注重海岛旅游的休闲性,力求使各地来此游客都能充分享受大自然的天然洗礼,从繁忙生活中抽离出来得到休闲。这一理念也影响了当地旅游资源开发的方式和原则。当地政府要求当地建筑要体现出"低层建筑、低密度开发、低容量利用、高绿化率"的原则,这样的建筑不仅有利于保护当地原生态的自然环境特征,也突出了人与自然的共生和谐[1][2]。参照这些经验,我们在发展岱山—嵊泗模式时也可以以休闲为主题来布局旅游项目,把观光、休闲、度假集于一体,强调旅游体验,把旅游经营的思路从短时间几种观光的旅游模式向停留时间较长、活动内容更丰富、生活节奏较慢的休闲度假旅游转变。

此外,要扩展旅游安排的纵深度,进行连锁经营,使游客在行程中能够由此及彼,由点到面,通过连接相关的旅游景点,加深游客对于旅游地的整体认识。成功的海岛旅游开发往往是成组成群的旅游岛群,依靠便捷的交通体系,通过岛与岛之间组成特色的旅游产品线路来满足游客多层次、多样化的旅游需求。为此,岱山—嵊泗在发展海洋旅游中要与相邻地区建立良好的交通关联,特别是加强与上海、宁波、普陀山等地的交通连接建设。

最后,在发展海洋旅游的过程中,应把海岛旅游生态效益和社会效益置于经济效益之前。我们要意识到海洋旅游可能对海洋环境带来污染的风险,并在科学规划的基础上,通过树立生态旅游的观念,加大对海洋生态保护的宣传力度来推动环保工作的实施。保护这一地区的原生态是维护舟山海域的重要任务,这一任务远比当地的经济收益和工业发展的任务更为重要,是关系到子孙后代享有鱼类资源状况的大事。

通过本章的分析我们可以看到,舟山新区具有很大的潜力,也具有多样化发展的广泛的可能性。在这些发展中,有的地方可以以发展为主

[1]　龙华,周燕,余骏,等. 2001—2007 年浙江海域赤潮分析[J].海洋环境科学,2008,27(S1):1-4.

[2]　柴寿升,王刚.现代休闲渔业与传统渔业的比较研究[J].中国海洋大学学报(社会科学版),2008(6):9-13.

调,大力扩展旅游产业或临港工业,也有的地方仍要以保护为主来发展传统的渔业和具有经济附加值的休闲渔业。在舟山地区,我们要根据各地的产业布局和自然生态环境状况,设立不同的发展和开发战略,针对不同的区域将海洋空间划分为优化开发区域、重点开发区域、限制开发区域和禁止开发区域四类。基于这些要求,我们要全面贯彻 2015 年 8月国务院印发的《全国海洋功能区规划》对各省市的海洋区位规划提出的思想和原则,把经济社会发展与海洋开发利用结合起来,并在此基础上进行开发活动。这些要求也须落实到地方各种发展规划(特别是海洋功能区位规划)中,体现遵循尊重自然、陆海统筹、优化结构、集约开发等原则。这些原则要求当地政府和民众在推进舟山海岛的建设中,把海洋空间格局与陆域发展布局结合起来,把治理陆源污染与海洋生态环境的保护和修复结合起来,形成科学的发展目标,推进强海战略,确保海洋生态环境发展的可持续性。

第十章
海洋环境保护与社会变迁

第一节　工业化进程和生活方式的改变所带来的挑战

区域发展规划是否能够得到实施,基于科学规划的开发活动是否能够有效,这要取决于现实的驱动力和人与社会组织的社会改造活动。这些驱动力的形成深受社会变迁的影响,特别是工业化和城市化进程中带来的生产生活方式的变革,在很大程度上改变了人们的生存方式和生活环境。例如,城市化进程会推动城市人口密度的提高、资源消费的增长,人们的行为方式和生活态度也会随之变化,进而影响环境状况。又比如,工业化的发展也会对传统的渔业社会带来深刻的影响,促使当地社会出现转型,并对当地的海洋生态环境带来积极的或消极的影响。在本节中,我们将把讨论的视角聚焦在社会变迁因素的分析和舟山发展导向上,考察社会变化对于生态环境保护的影响。

一、工业化、城市化发展

在各种社会变迁的进程中,工业化、城市化的发展对人们生活状况的影响是显著的,对海洋生态环境保护的影响也是重大的。高密度的产业化和城市化的发展会带来密集的人口以及随之增长的对于生活配套设施和各种资源的需求，造成环境和资源消耗过度等问题。以舟山新区为例，2015年年底其常住人口为115.2万人，而且这些人口大多集中在城镇①。根据发展规划，新区到2020年常住人口的城市化比例会达到75%，到2030年这一比例则为85%。这些变化将不可避免地影响到海洋环境的保护，因为不断提高的城市化水平会给环境的容积带来很大的压力。为此，如何更好地规划人居环境，使城市生活与海岛特征有机结合，按照海岛环境要求来设立新区的"城市化"进程，是一个重大的问题。

而且，随着传统渔业减少和加工业的扩大，经济发展会吸引越来越多的劳动力从外地涌入本地，从散居的渔村进入城市。旅游业的发展也会加剧城市高密度的居住状况，导致人口聚集不平衡等问题。且随着城市人口的增加，要建设好生活服务的配套设施，必然会对海岛人居环境保护带来挑战，加剧生活污染。为此，要考虑环境对于人口的容纳能力，科学地处理好人口规模的控制与分流，而这也给舟山市的发展提供了重新布局的机会。因此，城市的发展要求我们很好地进行区域发展布局。一些区域要限制人口发展，设立生态保护区，而另一些人口聚集的区域，要发展高端商业服务业、金融服务业和社会管理服务的区域，形成功能化的区域发展聚集，使各地可以根据各自的优势发展特色产业。

回应这些挑战需要我们强化功能区划，调整人们生活居住空间的密度和张力，把本土优势与现代性的发展相结合，寻找解决问题的新途径、新方法。这些努力既要反映在老城区的重建工作中，例如在舟山要重点推进定海区和普陀区的改建，更要反映在扩展新城的城市功能中，通过发展现代化服务业和新兴产业进一步形成聚合效应。同时，也要提高县镇的发展水平，加快培育金塘、六横等小城市中心镇的发展，提高其对人口的承载力。在城市发展过程中，要加强现代交通系统的建设，集聚资源要素，强化社会服务体系和城乡一体化的发展，通过逐步统一规划、建设和管理来加快城乡统筹发展，形成本岛全域城市化的理念，逐渐改变

① 舟山市人民政府办公室. 2015年我市常住人口115.2万人［EB/OL］. http://www.zhoushan.gov.cn/web/zhzf/zwgk/tjxx/tjfxzl/201602/t20160216_810091.shtml,2016-02-16.

当地居民的生活环境和状态,形成与环境的可持续发展相契合的区域城市化发展目标。

二、渔业生产的转型

人们生活方式的转变也受到渔业和农业发展新转变的影响,而这种转变也会对海洋生态保护问题产生影响,舟山的产业发展在传统上以渔业为支柱,但如前所述,与其他地方一样,这一区域中渔业资源也在急剧减少。正如一些报道所反映的,舟山渔场传统的"四大经济鱼类"(大黄鱼、小黄鱼、带鱼和乌贼)现在已经形不成鱼汛,有的常见鱼种甚至在近海区域绝迹,这导致渔业产出的不断下降和渔业生产成本的不断增加。从 1997 年到 2008 年,海洋捕捞生产吨鱼的成本从 2365 元左右上涨至 4770 元,几乎增长了一倍。为了弥补随之出现的经济效益下降,渔民可能会为追求经济效益而进行过度捕捞,这会使渔业资源锐减问题进一步恶化[①]。即便这些渔船出海的区域越来越远,其渔业收获依然会逐年减少。

与此同时,渔业生产却出现严重的产能过剩。目前,舟山地区的渔船现代化水平不断提高,渔船生产力水平空前提升。渔船的吨位不断加大,捕捞能力不断提升。在 2011 年年末,舟山市有机动渔船 9086 艘,渔船总吨位 94.90 万吨,渔船总功率达 145.22 万千瓦[②]。这种捕捞能力大大超过了该海域渔业资源的再生能力,因而对渔业资源造成了毁灭性的破坏。由此,必须降低捕捞量,限制捕捞能力,实施捕捞量零增长的政策,特别是在休渔季节禁止捕捞,保护渔业资源、确保海洋生态环境多样化,使海洋渔业生态资源能够得到休养生息的机会。这种种情况都表明,降低而不是提升捕捞量,是保护东海渔场渔业资源、维护我国海洋经济可持续发展的重要工作任务。

在这种情况下,渔民落地和转产就成为工作的关键点和落脚点。根

---

① 王晓红,张恒庆.人类活动对海洋生物多样性的影响[J].水产科学,2003,22(1):39-41.
② 舟山市 2011 年国民经济和社会发展统计公报［EB/OL］. http://www.zstj.net/ShowArticle.aspx? ArticleID=4941,2012-03-31.

据我们的调查,目前舟山本地原有的渔民大多已经"上岸",而仍在从事海洋作业的渔民许多是从外地过来的。在鼓励渔民从渔船落地的过程中,当地政府也为此进行了许多努力。这些努力包括加强与标准农田相配套的小型农田水利工程建设,加强对农业生产的支撑能力,把标准化农田建设作为重点,加强以农田灌排体系、机耕路、农电线路、地力培育等为重点的农业基础设施建设。在新区的发展中,加强引水的水利工程建设是舟山发展农业生产的重要方面。政府推行"千万亩十亿方"节水工程建设,全面加强农田水利工程建设,通过加快推进海塘及水闸配套加固、屋顶山塘加固建设和水库标准化建设等,提升渔区基础设施建设综合水平。

为了鼓励渔民转产,政府通过完善创业扶持政策和不断健全创业服务体系来鼓励渔农民自主创业,且不断提升土地流转、用地、信贷、技术、人才等方面的服务和政策力度。地方政府推进渔农村集体资产股份合作制改革,加快渔农村宅基地和集体建设用地的使用权,发展农村合作组织,许多渔民在转产后从事农业生产,地方政府也扶持发展蔬菜瓜果、特色林果、培育舟山海岛农产品品牌,推进建设一批集中连片、有品牌、标准化的无公害蔬菜瓜果畜禽生产基地,建设一批现代农业示范园区(基地)。这有助于降低渔业生产的比重,为渔民的生计提供新的机会和路径,促进渔民的分流。同时,政府也不断加大社会保障体系的建设,对外出就业的渔农民进行就业指导和服务,力图提供其在渔业转型期间可以替代的生计选择,用以解决他们对转产转业可能会陷入生活困境的担忧。这些工作对于产业转型和海洋环境保护意义重大。

另外,在渔业升级换代的转型过程中,政府应加强对渔业生产的公共服务力度。例如,积极推进岸线整理和规范围垦促淤等工程,通过深化"三改一拆"的政策改造"城中村"以建成拥有海岛海洋综合开发特色的示范型社区。改善码头、仓库、网场等渔业基础设施,深入推进气象、地震、地质等灾害及次生灾害的非工程措施和监测、预报、预警、服务的能力。启动远洋渔业配套基地建设,通过渔港项目完善渔船避风、补给等设施,提高渔港防灾减灾能力,完善防汛防旱防台减灾体系建设,培育新型海洋产业,使其成为促进舟山经济增长的支柱性力量。

同时,对于仍然从事渔业生产的渔民,则应鼓励他们发展新型渔业,改变盲目地通过追求捕捞量来获得经济效益,倡导通过提高渔业产品的附加值来确保渔业可持续发展。通过发展特色养殖业来丰富水产品的生产,把渔业与养殖业结合起来,培育原有的贻贝、对虾、梭子蟹等传统海产品,进一步引进并发展海水鱼、鲍鱼、海参"新三样"。这种以养殖业为主导的产业发展可以缓解渔业资源枯竭的压力,为渔民的生计寻找新的路径。另外,基于舟山悠久的渔业文化传统,开发海洋生态旅游项目,把传统的渔业生产与海洋休闲渔业相结合。从依靠海洋走向合理利用海洋,将不仅为渔业生产方式的多样化提供新的起点,也将为海洋生态保护工作创造条件。

三、新型产业的发展

在传统的渔业产业下滑的同时,由渔转农是一个基本的途径。这些"由渔落地"的政策有利于舟山海洋生态的保护,降低捕捞压力,保留东海的渔业资源,也使许多渔民投入加工业等工业生产中。在产业转型的过程中,要把发展船舶机械、物流服务、临港石化、渔业、旅游业、海洋医药等产业作为基本的方向。其中,船舶机械工业的飞速发展使得舟山成为我国船舶制造和维修的重要基地,港口物流服务业效率的提高能够推动舟山港口由地方性小港口发展为区域性中转大港口。而大力发展深加工技术和物流运输信息化等,可以为舟山在国际市场立足奠定基础。与此同时,要积极构建水产加工企业的集聚发展平台,提升水产加工业的层次和水平,这些产业的发展都为舟山地区创造了新的就业机会,从而为产业转型提供了劳动力就业的出路。

在培育新型产业的发展中,大力发展临港工业和水产加工业是渔民生活方式转型的基本路径。大力发展海洋经济体系要求加快水产加工业的转型升级,扩大精深加工比例,发展渔业的产业链,深化加工,提高产品的附加值,强化低产出、高收益的渔业经济的发展,形成海鲜美食产品与渔业资源的有机结合,扶持能够恢复海洋物种多样性的科学化渔业养殖等产业的发展,形成品牌产品,将舟山海鲜推广到更为广大的市场中去。这些发展一方面提升了渔业资源的经济价值,并在此过程中提高了渔民的生产收入,另一方面也为渔民的落地提供了一定的劳动力需求市场。目前,舟山新区与渔业相关的企业在水产加工业年产值达上百亿元,成为我国最大的海产品生产、加工和销售基地。例如,2013 年全市海洋经济总产出 2195 亿元,其中海洋经济增加值 644 亿元,占 GDP 比重达 69.1%[①]。舟山已经成为全国性的海洋资源研发和深加工中心之一,跻身全国沿海十大港口之列。这些转型都是促使人们生活方式发生改变的重要因素(见图 10.1)。

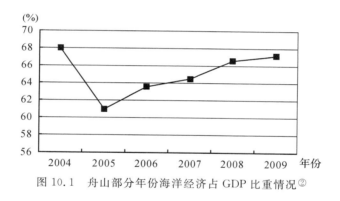

图 10.1　舟山部分年份海洋经济占 GDP 比重情况[②]

此外,新兴海洋科技文化的发展,推动了传统海洋产业向高新科技海洋产业的转型,特别是加快了海洋医药和海洋产品深加工等产业的发展。目前,海洋生态环保产业、海产品深加工产业、海水淡化产业以及海洋资源综合利用产业等高技术含量产业正在快速发展。以科技为导向进行渔业资源的加工不仅形成相应的市场,同时也帮助推动了海洋药品、功能食品和生物化妆品产业的发展及其生产基地的建设。当然,在这些产业的发展过程中尤其要注重科技创新,使舟山与新兴海洋科技文化为新时期发展可持续生态海洋产业奠定坚实的技术基础。此外,要坚持对海洋经济的深入研究,不断进行科技创新,通过创新生产出具有相

①　秦烟.四大新区延伸阅读[J].观察与思考,2011(9):12-15.
②　中国城市规划设计研究院.浙江舟山群岛新区空间发展战略规划(专题研究)[R].北京:中国城市规划设计研究院,2011.

当国际竞争力的产品。

在向高新海洋经济产业转型的过程中,迄今为止虽然大多数开发活动依赖于民间的投入,但从数量上看,民间投入到海洋研发和海洋经济的企业并不是很多。因而,要通过政策优惠广泛吸纳更多资金支持,政府有必要通过公共资源的支持来发展与海洋相关的高科技产品,促使舟山经济结构实现转型升级,建设具有国际竞争力的现代海洋产业基地,推动舟山成为全国性的海洋资源研发和深加工中心。目前,舟山政府正在鼓励形成"高校—研究机构—生产企业—渔民"一条龙的服务,加快建设中国舟山海洋科学城,使之成为我国最具代表性的海洋科教文化基地。要实现这一目标,公共资金的支援及对海洋相关研发活动的投入和支持十分重要。这些支持可以通过各种方式实现,包括购买服务、特许经营、税收优惠、财政补贴、志愿服务等,实现多元主体的共同介入,推动社会力量介入到产业创新和社会创新中。

最后,大力发展第三产业也是产业方式转型的重要目标。在舟山,自 20 世纪 90 年代以来,第三产业旅游业逐渐兴起并正在成为舟山地区的支柱性产业。而依托海洋资源发展而来的渔业文化产业、休闲旅游服务产业和影视、会展、创意等海洋文化产业,也帮助扩大了第三产业的劳动力需求,吸引大量渔民向第三产业转型。目前,舟山地区开发的各种项目,包括启动建设百里滨海大道,打造生态景观、历史文化和民生休闲的长廊等,都要求大力发展第三产业,服务于舟山休闲渔业、旅游业、物流业和临港工业等其他产业的发展。这些项目的建设也有助于缓解舟山地区从事渔业生产的人员过剩而服务行业劳动力短缺的问题。可见,舟山新区要想实现从传统渔业为主的产业结构发展成为具有高水平金融贸易和生活服务的海上花园城市,就要大力发展第三产业,并配合舟山群岛建设旅游圈的设想大力发展商业服务业,以商业服务和科技为导向,形成具有特点的发展战略。

第二节　社会转型与公共政策

在传统经济产业转型升级的过程中,当地居民会面临着种种由生产方式的转型所带来的生活问题和困难。为了平稳地实现这一转型,需要通过公共政策和社会政策的手段来缓解这些问题,为处在转型过程中的民众提供必要的生活帮助和支持。例如,政府在推进渔村转型的过程中要引导渔民落地,发展新型产业,统筹农渔村和城区的发展,等等。基于这些要求,我们有必要在此讨论与此相关的政府政策行动。这些支持政策是使转型能够顺利推进的基本保障。当然,对于仍然留在渔业生产领域的民众,政府也要给予支持,促使他们提高渔业生产的效率和保护渔业资源的可持续发展。

一、社会保障政策

社会保障是处理好农渔民安置问题的基本前提。舟山市以"城乡统筹、全民覆盖"为原则,加快推进城乡社会保障一体化发展,提升渔农村社会保障水平,健全城乡衔接的养老保险制度,实现养老保险制度全覆盖,并在此基础上逐年提高保障水平。由于渔业生产的社会平均工资较低,所以该地区家庭的总体收入水平不高。在"十二五"期间,舟山新区设立了低收入农户奔小康工程,对生活困难的渔民家庭(家庭人均收入低于 3000 元)提供经济补贴。以提高家庭人均收入低于 3000 元的渔农户群众致富能力和收入水平为中心,实施产业开发帮扶行动。在新区的发展过程中,舟山政府通过开展"小岛迁、大岛建"的社会行动、基础设施建设行动、社会救助覆盖行动、金融服务支持行动、社会援助关爱行动等七大行动,确保满足渔民在产业转型过程中的基本生活需求。

同时,继续深入实施"低收入渔农户奔小康工程",加快渔区城镇化建设,缓解渔农民的生活困难,加快建立城乡"低保"标准的动态调整机制。全面完成渔农村集体经济薄弱村的脱贫工作,提高"五保户"、孤寡老人集中供养水平,做好因灾因病和因子女就学造成的生活困难家庭的生活救助工作,大力发展以赈灾济困、扶老助残、救孤为重点的社会福利和慈善事业。进一步建立健全政府主导、部门参与、社会支持的扶贫工作体系,在渔民进城购房和就业等方面给予城镇居民待遇。

在养老保险项目的推进方面,政府加快被征地农民养老保险与城镇养老保险相接轨,不断提高保障标准和补助水平。2014 年 7 月,舟山市出台城乡养老保险制度衔接细则,"职保""居保"两项制度参保人员可以"互转"。这有效解决了基本养老保险跨制度衔接的问题,扩大了社保覆盖面,提高了待遇水平,保障了居民的基本生活,实现了由"特惠"向"普惠"的转向。目前,舟山市已基本建立以职工基本养老保险与城乡居民基本养老保险为主体的城乡一体化养老保障体系。

在医疗保障方面,舟山市是浙江全省第一个实现各县(区)医保政策制度完全统一的城市。2012 年舟山政府出台《关于建立城乡居民基本医疗保险制度的实施意见》,合并新型渔农村合作医疗制度和全市城镇居民医疗保险制度,建立统一的城乡居民基本医疗保险制度,并实施市级统筹。2013 年,舟山市在全省首创统一标准,以政府购买服务形式,建立政府和商业保险机构风险分担机制,有效提高重特大疾病保障水平。同时,市政府健全基层医疗卫生服务体系,加强规范化的城乡基层医疗卫生机构建设,并巩固和完善新农合市级统筹,政策范围内住院补偿率达到 70% 以上。此外,舟山进一步发展公共服务,加快以全科医生为重点的基层卫生人才队伍建设,稳定海岛基层卫技人才队伍。深化城市医院对口支援渔农村和牵手社区卫生制度,全面提升城乡基层医疗卫生机构综合服务能力。通过努力,舟山提高了 15 分钟医疗服务圈服务水平,扩大了渔农村免费公共卫生服务和免费免疫的范围,改善了悬水小岛和偏远村庄卫生服务,加大了对地方传染病和人畜共患病的防治力度,推进了城乡基本公共卫生服务项目的不断完善,其项目绩效达到了全省领先水平①。

---

① 舟山市农林与渔农村委员会.舟山市坚持"四新"理念 全面推进社保城乡一体化[EB/OL].http://www.zsnl.com/article/show.php? itemid=4959,2015-09-06.

在这个过程中,舟山市充分利用信息化资源优势,加强基层平台建设,将服务功能不断向渔农村延伸,建立全市统一的社会保险数据中心,统一采用"多险合一"的社会保险信息系统,统一规范全市的业务流程,并对设备资源、技术资源、信息资源进行统一管理和维护。这推动了全市范围内跨区域、跨险种的参保人员基础信息共享,形成了覆盖五大险种的网络信息系统,实现了"同人同城同库"目标。

二、就业培训政策

为帮助渔民实现就业再就业,舟山新区于 2001 年 10 月启动了捕捞渔民转产转业(简称"双转")工程。这一工程目标是减少海洋捕捞渔船和捕捞渔民的数量,为渔民提供相应的职业和技能培训,使得一部分渔民能够实现就业再就业。同时,政府还开展了渔农民就业培训"四万"工程以及渔农村实用人才队伍建设"211"工程。"四万"工程的内容是完成"万名渔农民文化学历提升""万名渔农民复合技能培训""万名渔农民渔农村实用技术培训"和"万名渔农民临港产业紧缺技能培训",其目的是提高渔农民转移就业能力、农业生产能力和创业能力。"211"工程则是通过实用技能培训和专业技能比武,鼓励多出人才,出好人才,在渔农村实用技能人才队伍中实现梯级进步模式[①]。在这个过程中,当地政府加强了渔农民培训基地建设,创新培训形式,完善培训内容,提高培训质量,努力培育起一批高素质、职业化渔农民。这些努力也将使渔农业、渔农村经济结构调整与渔农村劳动力转移就业紧密结合起来,从而推动渔农民向第二、三产业转移就业。

另一方面,培育创业服务体系,创新渔农村实用人才扶持政策,不断发挥渔农村实用人才创业致富的带头作用,是促进就业的另一条思路。例如,岱山县"一打三整治"协调小组办公室、县人劳社保局联合制定出台了《关于组织开展转产转业渔民职业技能培训工作实施方案》,计划从2015 年 4 月份开始到 2016 年,在岱山县设 8 个定点培训机构,分期分批

---

① 中国舟山政府门户网站. 舟山市统筹城乡发展推进新渔农村建设五年规划[EB/OL].
http://www.ssfcn.com/detailed_gh.asp? id=27650,2012-08-11.

对有培训意愿的转产转业渔民进行针对性培训,主要涉及起重机操作、港口理货、水产品原料处理、电机装配、船舶电焊、叉车操作等多个项目工种,而岱山县财政将提供相应的培训补贴。除了提供职业培训帮助,政府也通过各种项目鼓励扶持渔农民自主创业①。目前,渔民转产转业面临的最大困境就是缺乏新的就业门路,因此政府要广开门路,拓宽就业途径,整合各产业资源,将渔民实用技术培训和转产转业渔民培训结合起来,进行统一规划,从而发挥产业融合和城乡一体化的优势,给渔民创造更多的就业机会。

在教育方面,要完善义务教育的免费和经费保障机制,提高义务教育阶段中小学校公用经费标准。积极开展"送教下乡"活动,进一步加强对渔农村中小学教师的定期进修,完善城乡优秀教师资源的合理配置,使得优质教育资源能够向渔农村转移,有效整合城乡社区教育设施和资源。另外,舟山地区也积极推进标准化乡镇中心幼儿园建设,致力于普及15年基础教育。在民工子弟教育和特殊教育方面,政府也展开了细致工作以推动教育公平。这些工作对于强化渔农民的综合素质,培育同新区经济社会发展相适应的新型渔农民,提高整个地区居民的公民意识、文明意识和法律意识等,都产生了积极的影响②。

三、渔民补贴政策

由于渔民转型会使部分渔民失去经济来源,政府可根据情况提供一定的生活补助。为应对离海上岸的渔民"失地有补,失海也要有补"的群众呼声,舟山市政府出台了《关于原集体捕捞及相关作业渔民发放生活补贴的指导意见》(以下简称《意见》)。该政策规定从2015年起,舟山市约3万老年捕捞渔民可拿到生活补贴。规划明确渔民在城乡居民基本养老保险金的基础上,可按原集体捕捞年限发放生活补贴,即捕捞年限每满一年(不足一年的,按一年计算),发放生活补贴10元/月。2015年

---

① 岱山海洋与渔业局.浙江舟山岱山县出台转产转业渔民开展职业技能培训工作实施方案[EB/OL]. http://www.shuichan.cc/news_view-238569.html,2015-03-26.

② 中共浙江省委关于认真贯彻党的十七届三中全会精神 加快推进农村改革发展的实施意见[N].浙江日报,2008-12-10.

1—3月,157 名渔民收到生活补贴共计 13.9 万元,人均补贴 295 元/月[①]。已享受职工基本养老保险金或被征地农民养老保障金的人员,按"只靠一头,就高享受"原则,选择享受捕捞渔民生活补贴。

政府的工作目标显示要力争将全部符合最低生活保障条件的家庭全面纳入最低生活保障,基本消除绝对贫困现象,使 80%以上人均年收入 5000 元以下的低收入渔农户("低保"渔农户除外)的家庭人均纯收入超过 7000 元。实现在教育、住房和医疗等领域的救助能够基本全面覆盖低收入和低保的渔农户。在人均教育、医疗消费支出占生活消费支出的比重方面使得低收入渔农户可以基本达到当地农村居民教育和医疗支出的平均水平[②]。在为老年渔民提供生活补贴的同时,舟山新区政府也十分注重对于远洋渔民的政策支持。对远洋渔船的政策支持和资金补助在一定程度上能够减少近海捕鱼的数量,鼓励渔民远洋捕鱼,从而降低对近海海域渔业资源和海洋生态环境的破坏。

在渔民补助方面,舟山定海区设置了财政专项补助资金,鼓励推行辖区内渔业互助保险。该专项资金的补贴对象为浙江省渔业互保协会在定海区从事渔业生产经营或为渔业生产经营服务的正式会员,且必须是投保于省渔业互保协会定海办事处的。其补贴的险种是雇主责任互助保险,对意外身故险、意外致残险和意外医疗险的投保额分别达到 60 万元、30 万元和 10 万元的雇主责任互助保险保单,定海区财政将按应缴雇主责任互保费总额的 10%给予补贴;而对意外身故险投保额超过 70 万元、意外致残险投保额超过 40 万元和意外医疗险投保额超过 10 万元的保单,其超出部分的保额所对应的雇主责任互助保险费不享受定海区财政补贴[③]。

舟山作为浙江渔场修复振兴的核心区,积极探索将"整、转、换"进行统合的渔船处置办法。其中,"整"是指在给予适当补助的基础上拆解部

①　曹漫.舟山市首批渔民领取生活补贴[EB/OL]. http://www. chinadaily. com. cn/hqcj/xfly/2015-04-03/content_13486723. html,2015-04-03.

②　舟山市农林与渔农村委员会.舟山市坚持"四新"理念　全面推进社保城乡一体化[EB/OL]. http://www. zsnl. com/article/show. php? itemid=4959,2015-09-06.

③　覃戈.定海设立渔民互助保险专项资金[EB/OL]. http://zsxq. zjol. com. cn/system/2015/01/18/020468664. shtml,2015-01-18.

分船龄长且安全性低的、用于租赁等商业用途的或渔民主动上交的渔船;"转"即通过产业政策扶持引导渔民转向远洋渔业、加工物流、水产养殖和渔家乐等行业,发展新一批用于养殖、休闲、护渔、港作的船只等;而"换"则是将弃捕的"三合一"渔船渔民纳入到舟山市职工基本养老保险制度,使弃捕渔民老有所养而无后顾之忧①。此外,舟山嘉德远洋渔业有限公司等 9 家企业 8 艘远洋渔船通过申请评审获得中央补助资金2.1115 亿元的更新改造资金,提升舟山市远洋渔船的能力,取缔涉渔"三无"船舶 1000 多艘,整治船证不符渔船 1000 多艘,实行刷卡排污和排污许可证"一证式"管理,从而推进渔业生产的更新换代和提高生产能力②。

第三节 海岛花园城市的建设

讨论舟山新区发展和渔民生产生活方式的转化,需要从长远角度出发考虑地区发展的远景。舟山市政府建设"海上花园城市"这一目标,可以作为我们讨论舟山新区发展远景的基本蓝图。建设美丽海岛城市的一个基本要求就是使城市生活与海岛特征有机结合,在发展舟山新区的过程中要有合理的生活设施相匹配,按照海岛环境要求来推进新区的"城市化"进程。这就要求我们很好地规划人居环境,避免高密度的产业化、工业化和城市化的发展。为此,在海岛城市的建设中,要考虑中心城市的辐射效应,正视自然环境的制约,并根据现代城市的发展要求来进行建设。这一建设蓝图不仅要有利于保护现有的环境资源,也可以通过公共服务体系的扩展进一步丰富环境资源,即通过发展基础设施创造出新的生活空间和发展空间,在无形中扩大人们的生活圈和空间领域,进而推动建成海岛花园城市。

---

① 覃戈.定海设立渔民互助保险专项资金[EB/OL]. http://zsxq.zjol.com.cn/system/2015/01/18/020468664. shtml,2015-01-18.

② 舟山市海洋与渔业局.舟山市 58 艘新建远洋渔船获得第一批国家补助资金[EB/OL]. http://www.zjoaf.gov.cn/dtxx/gdxx/2013/04/22/2013042200024. shtml,2013-04-22.

一、海岛发展政策

要想建设海岛花园城市,就需要使规划设计能够与原生的海岛自然环境相融合。而规划科学的岛区设计要求我们遵循环保优先性的原则,从现实经验和可行性角度出发进行适度合理的海岛开发。例如,舟山市政府在定沈水道及两侧滨海地区的开发规划中,要求减少对原有地表环境的破坏,注重滨海公园、广场、主要桥梁等景观节点的建设,形成通山达海、城岛互动的景观特色,重点塑造滨海环湾形象带,呈现城市人文、功能、景观复合轴。

同时,依托当地优势进行保护性开发也是建设海岛花园城市的关键任务。为此,进行历史文化遗产的保护和发掘意义重大。我们要大力发掘舟山的自然人文内涵,加强舟山重点海岛尤其是无居民海岛的自然遗迹和历史遗存的调查,挖掘其具有明显特色风貌和独特生态系统的海岛和海域。这些工作包括进一步开发普陀山、嵊泗花鸟山、岱山超果寺、衢山观音山、嵊山福泉庵、泗礁灵音寺等景点,推进地方海洋文化研究和特色海洋博物馆建设。加强五峙山列岛等自然保护区的保护工作,加大湿地保护力度,逐步完成包括海洋科普教育区、民俗海洋文化体验区、趣味湿地参与区、湿地特色度假区、农耕湿地观光区等景点在内的设施建设。

再者,要将绿色、生态、可持续的理念渗透进岛区的各项建设之中,对于海岛采取"保护式开发",从而形成舟山群岛突出的生态文化品牌。保护型开发是一个动态的过程,是海岛保护与合理开发这两者不断博弈与平衡的结果[①]。具体来说,可以在生态环境方面开展"小岛迁、大岛建"行动,这不仅有利于生态保护,也能够推动海洋保护相关基础设施的建设。例如,在建立与城市空间相协调的城市交通系统方面,合理利用通道资源,优先发展公共交通,形成层次分明、功能合理的城市交通发展模式,实现海岛保护与开发的双赢互利。而在加强生物多样性保护方面,保护型开发体现为强化野生动植物维护,继续做好增殖放流和岛礁资

---

① 张丽君.从海洋生物多样性保护看我国海洋管理体制之完善[J].广东海洋大学学报,2010,30(2):15-17.

源保护工作,加强海域污染防治和生态修复。同时,加强渔农业资源有序开发和有效保护,实现科学围垦,全面促进滩涂资源的可持续开发利用。

最后,在建设海岛花园城市的过程中,要坚持因地制宜、体现特色的原则,通盘考虑、综合设计,明确发展目标和建设项目,把海洋生态环境保护作为重要方面考虑进来。要把保持新区生态战略优势与提升群众环境幸福指数、推进海岛生态保护,打造整体性的"舟山群岛"生态旅游品牌等多方面的因素综合考虑,通过开展"国家环保模范城""森林城镇""森林村庄""林业特色村""生态建设示范区"等创建活动,推进重点生态公益林建设,将建设美丽舟山群岛新区的发展理念付诸实践。

二、环境保护政策

保护生态环境、促进新区生态经济可持续发展,是舟山政府的重要工作任务。在环境保护管理制度方面,舟山针对环保审批试行了登记表备案制,用于整理 35 类对环境影响小的建设项目的环保审批。同时,落实审批豁免制,即放开 68 项不纳入环评审批管理的建设项目,从而减轻小企业和群众的负担。在完善项目环保预审制方面,实行先出具环保预审意见以方便办理项目相关行政许可,加快项目建设进度[①]。此外,舟山新区力图实现环境执法监管一体化,整合环保执法力量,发挥其指导功能,强化市环保局对于环境监督管理的职能,形成统一的本岛环境执法监管体系,同时尝试电子移动执法,通过创新"网格"和"会诊"等监管模式,全面提升一体化联动执法效能。

在垃圾处理方面,舟山每日人均产生生活垃圾约 0.8 公斤,每年共计约 32 万吨。2008 年开始,舟山市着手启动垃圾焚烧发电项目,两年后该项目在团鸡山开工建设。这种对生活垃圾进行焚烧发电的项目建设,既能消纳垃圾,又能实现能源回收利用,还有利于环境质量的改善,真正做到了无害化处理。舟山旺能环保能源有限公司团鸡山垃圾焚烧发电项目一期工程设计日处理能力为 700 吨,2 台日处理能力 350 吨的

---

① 舟山市环境保护局.舟山:立足环境保护 践行"四个全面"[N].中国环境报,2015-06-25.

垃圾焚烧炉利用生活垃圾焚烧产生的能量加热水后形成水蒸气,再把水蒸气送至两台汽轮发电机进行发电①。2014 年 8 月底,该项目二期工程开始动工,扩建一条日处理能力 350 吨的焚烧生产线,终期规模将达到日焚烧处理生活垃圾 1050 吨,年焚烧处理生活垃圾 35 万吨左右②。这些项目在解决舟山本岛和跨海大桥沿线城乡生活垃圾填埋产生二次污染问题和缓解供用电矛盾等方面发挥了重要作用。

　　在污水处理问题上则是加快了污水处理设施及配套管网的建设。舟山为能从根本上解决地区治理污染设施薄弱的问题,积极探索建设城乡一体化的污水收集处理体系工作机制。每年省政府都与市政府签订责任状,明确当年的建设任务。2014 年,市环保等相关部门编制了《舟山市中心城区污水工程专项规划》,用于缓解资金保障、管网维护和运营一体化等问题。该规划要求城区的污水泵站要统一移交市污水处理公司管理,新建的污染处理设施需执行一级 A 排放标准,实现泵站和污水处理厂的统一管理。与此同时,地区还创建"一证式"排污许可证管理,对排污许可证进行分类管理,并根据排污权指标的核定结果来确定其管理等级,因而舟山成了全省排污许可证改革 3 个试点之一③。为优化环境资源配置,舟山市积极推行排污权交易,推进主要污染物减排工作。排污权是指根据排污许可证的要求,排污单位可允许的直接或间接排放额定污染物的权利。舟山新区在浙江省率先同步开展四种主要污染物的有偿使用,并为规范核定企业排污指标建立了覆盖市县区的总量量化管理数据库。地区政府根据国家和浙江省的有关法律法规和舟山地区的实际情况,出台了《舟山市主要污染物排污权有偿使用和交易管理办法(试行)》,规范排污权有偿使用和交易行为。该管理办法主要是为了推进排污权的有偿使用和交易。2014 年,舟山市将企业刷卡排污系统的建设作为工业项目管理的重要内容,验收了 35 家企业刷卡排污系统,成为全省首个刷卡排污系统全市统一通过整体验收的地市。此外,地区政府还积极探索总量控制激励的制度,率先在全市水产加工行业试行企业排污和缴税排名制,以此激励企业主动减少污染物排放[①]。

同时,舟山市也强化水土保持和生态修复工作,在推进地区经济转型、发展协调海洋和城区生态环境建设的同时,市政府遵照"政府引导、社会参与、财政补贴、先进奖励的方针",大力推进城市立体绿化。加强对永久性基本农田开展土壤治理,推进危废填埋场和污水污泥处置等项目的建设,整治重污染行业,并对燃煤锅炉和工业窑炉进一步实现脱硫除尘设施的改造。另外,市政府以创建国家环保模范城市为目标,大力开发沼气、秸秆发电、小水电、太阳能、风能等可再生能源,设立节能减排的刚性约束,推动创建国家生态文明示范区。

在风险防范方面,政府要充分考虑到海上交通事故、物流储存所面临的风险,以及交通中转所带来的污染情况,设立各种保障措施来降低风险。特别是,要防范类似于天津港爆炸等仓储物流恶性事件的发生,避免灾害性风险的发生。建立健全渔农村食品安全保障和监测机制,推进渔农村"食品安全示范店"建设和强化渔农村小菜场长效管理。与此同时,要注重合作共建,形成良性互动的浓厚工作氛围,合力推进美丽海岛建设。2014年以来,舟山市环保部门围绕积极创新相关体制,破解一批环境生态环保难题。积极创建新的生态环境,并不仅仅是停留在被动保护等立场上。这也体现出要把项目落实放在突出位置,以项目化推进创建工作;加强以工作督查制度、考核激励制度、进度通报制度等为重点的工作推进机制建设,加强生态环境资源保护。

三、生活基础设施建设

建设海岛花园城市,需要通过新型城市化来推动人们生活方式和城市环境的转型。这是一项庞大的社会系统工程,需要构建生活基础设施和公共服务体系。为此,舟山市政府在构建生活基础设施建设和加强城乡一体的交通客运设施建设方面进行了许多努力。目前,舟山已基本形

---

① 舟山市环境保护局.舟山:立足环境保护 践行"四个全面"[N].中国环境报,2015-06-25.

成了渔农村居民出行便捷安全的城乡、岛际公共客运站网络。在公路交通方面，市政府制定了《舟山市"四边三化"行动实施方案》，明确舟山本岛以海天大道、329 国道、北向疏港公路沿线为重点，全面开展洁化、绿化和美化行动。合理利用通道资源，建设与城市空间相协调的、层次分明且功能合理的交通体系。其中，公共交通的发展具有优先性，实现公交主导的交通出行方式，到 2030 年实现居民出行公交分担率达到35％。同时，构建"快速路＋快速公交"的双快骨架体系，支撑城市空间结构和用地布局，引导土地利用开发[①]。

近年来，舟山也在进一步完善包括农渔家乐的交通路网、停车场、卫生设施等在内的基础设施，提高农渔家乐经营管理水平，提升经营项目品位，发展农渔村休闲旅游，把推进农渔村生态休闲旅游作为"美丽海岛"建设的重要内容。到 2011 年年底，舟山定海区新培育农渔家乐 50家，创三星级农渔家乐经营户（点）5 家、二星级农渔家乐经营户（点）10家、一星级农渔家乐经营户（点）20 家[②]。与此同时，积极实施农渔村住房改造工程，倡导生态环境保护。大力发展旅游设施，注重与乡土文化、自然生态的协调，打造地方民居特色。积极开展渔农村一户多宅清理和空壳房治理工作。

海岛花园城市的建设离不开供电供水设施的完善，因而要提高渔农村电网的供电能力，全力推进电气化村建设。加快电视、电话、互联网面向渔农村全部覆盖和三网融合工作，快速推进信息化建设。继续实施广电惠民工程，实现广播电视村村通全覆盖，推进"广电进渔船"工程，新区建设大力提升供水供电的能力。在水资源处理方面，积极推进大陆引水三期和嵊泗大陆引水等工程，继续实施海水淡化项目。实施新的《生活饮用水卫生标准》，改善渔农村饮水水质问题，加强饮用水水源地环境保护，抓好渔农村饮水安全提升工程。完善饮用水和农田水利等在内的公

---

① 张丽君. 从海洋生物多样性保护看我国海洋管理体制之完善[J]. 广东海洋大学学报，2010,30(2):15-17.

② 陈莉莉,苗世军,陈叶,等. 研究报告第十一期　"美丽海岛"建设新举措:"强化特色"与"分层分类"——舟山市定海区新农渔村调查[EB/OL]. http://czzc.zjou.edu.cn/listDetail.aspx?nid=671,2014-01-20.

共设施建设,实施渔农村生活污水治理扩面改造工程。

此外,加强针对农渔民的旧房改造也是工作内容之一。2011年,舟山定海区共完成农房改造建设2400户(其中,完成困难群众危旧房改造105户),总建筑面积30万平方米,总投资4.5亿元以上。顺利完成对生活小区生活设施建设的规划。实施村庄整理、建新拆旧、小岛居民迁移等工程,使得渔农村人口集中居住,提升土地集约使用的水平,从而推动自然村落整合。2013年,完成白泉浪西自然村整村搬迁安置小区、金山移民安置小区、岑港黄金湾水库搬迁安置小区等6个安置小区建设,新开工项目8个[①]。结合渔农村土地综合整治,通过盐仓林家湾地块城区农民公寓式住房建设工程、白泉区级乡村居住小区项目及城东街道刘家嘴、甬东经济开发区等项目,加快建设城区农民公寓式住房,改善农渔民的生活条件。

最后,大力发展公共服务,通过城乡一体化规划行动、乡村环境提升行动、现代农渔业发展促进行动、农渔民素质拓展行动、城乡基本公共服务均等化等一系列行动,改善农渔村生态环境。自2011年以来,舟山市定海区启动村庄整治建设,"打造幸福宜居宜业宜游定海新农渔村",推进生态廊道工程,加快平原绿化和湿地公园建设。按照的建设目标,推进各乡镇(街道)深入开展以道路建设、溪坑治理、水沟修理、墙体粉刷、小公园建设、水利设施建设、路灯安装、村道绿化、露天粪缸整治、三乱治理等为主要内容的村庄环境综合整治,农渔村环境面貌得到整体提升。以中心镇、中心村、海岛旅游特色村、海岛特色风景带(区)等为重点区域,推进农房改造和建设,力图把舟山生态旅游打造成海上花园城市[②]。

第四节　发展海洋旅游　倡导海洋文化

舟山是我国唯一由群岛构成的城市,具有海岛城市和文化名城双重

---

①② 陈莉莉,苗世军,陈叶,等.研究报告第十一期 "美丽海岛"建设新举措:"强化特色"与"分层分类"——舟山市定海区新农渔村调查[EB/OL]. http://czzc.zjou.edu.cn/listDetail.aspx?nid=671,2014-01-20.

特点。它聚集了定海古城、普陀山和沈家门等地区的海岛文化传统，作为当地的文化特色，舟山地区具有将海防、佛教、渔业这三方面历史文化集于一身的文化脉络①。同时，舟山海洋文化这一文化体系囊括了多方面的发展内容，包含了开放、协作的海洋精神，宣扬了海洋经济产业开拓创新的文化氛围。对海洋精神和海洋文化的宣传教育，可以使人们更深刻地了解海洋，懂得如何可持续地开发和保护海洋。舟山海洋精神中开放的、互动的、创新的精神，为舟山新区的对外经贸发展营造了良好的氛围。海洋文化的宣传活动，可增进各岛区民众间的了解，形成团结互助的体育精神，为整个舟山地区的海洋体育和海洋经济事业带来新的发展契机，拓展出更宽广的海洋经济市场。

近年来，舟山群岛依托其特有的海洋文化，大力拓展海洋文化旅游活动，打造舟山群岛文化的品牌内涵。因此，舟山的文化旅游发展很快。根据舟山市的发展规划，到 2015 年要实现全市旅游接待总数达到 3500 万人次，设立市级以上渔农家乐特色村(点)45 个(其中省级 24 个)；经营户(点)1400 家以上，渔农民直接就业人员达到 6000 人以上，从业渔农民年均纯收入增长 11% 以上。而实际上，该年度全市共接待境内外游客 3876.22 万人次，超出原计划 300 多万，实现旅游总收入 552.18 亿元。这些数据还会进一步升高，2020 年，舟山市要达到旅游人数 5000 万人次的目标(见表 10.1)。

表 10.1　舟山旅游接待人次分期规划目标②

年份	境内游客		境外游客		游客总计	
	年增长(%)	人次(万)	年增长(%)	人次(万)	年增长(%)	人次(万)
2010	—	2114	—	25	—	2139
2011	10	2325	20	30	10	2352
2015	10	3420	20	80	15	3500
2020	5	4320	15	160	5	5000

① 王文洪.舟山海洋文化名城特色研究[J].现代城市研究,2011(9):56-61.
② 舟山市旅游委员会.舟山市"十二五"海洋旅游业发展规划[EB/OL].http://www.zhoushan.gov.cn/web/xqlt/xqgh/zxgh/201301/t20130131_224278.shtml,2011-09-30.

为了进一步推进海洋文化和文化旅游的发展,舟山市政府在开展"美丽海岛"建设行动的过程中,按照"以人为本、因地制宜、分步实施、集约利用"的原则,拓展"海天佛国"的景区范围,加大游客容纳量,提升国际知名度。一些岛屿和港区建设了地区文化创意园,将与海洋文化有关的各类遗址、动植物标本、生产生活方式等以艺术和旅游休闲项目的形式重新呈现在来岛游客的面前。与此同时,市政府还要求打造一批美丽海岛创建先进乡镇,并且要各具特色,全市有三分之二以上社区要完成美丽海岛精品村、特色村创建工作。

为了推进这一导向的发展,充分发挥地区资源优势,舟山市在继承传统节庆文化内涵的同时,组织各种活动来吸引旅游人群。海洋文化节一般包含诸多活动,比如海洋生态修复活动、海洋系列主题研讨会、海洋文化论坛、摄影展览、艺术展览、国际海洋文化交流等,这些活动大多都含有丰富的海洋环境保护元素。在沈家门、朱家尖以及普陀山等地,当地政府组织承办了多次海洋文化节,包括海鲜美食节、国际沙雕艺术展、观音文化节,等等。而且,各个独立岛屿也依靠自身的海岛自然资源和人文资源的优势,举办各自的海洋文化节庆活动。这些带有舟山新区特色的创新性旅游项目的推广也扩大了新区的景观知名度,使其成为华东地区重要的旅游目的地。例如,以舟山的特色优势品种鱼类为主打的美食节,不仅能够让人们品尝和回味舟山的特色海产品,也能使人们从享用舟山海洋美食的过程中了解和意识到舟山海洋渔业的发展困境及人为原因,进而推动人们参与海洋渔业和海洋生态环境的保护行为。这些活动也可以加强有关保护海洋环境和渔业资源的知识技能的宣传。同时,游客通过参与到增殖放流、开发渔业资源和海洋生态修复等旅游项目中,可以受到全面的海洋环境教育和海洋文化的熏陶,增强海洋意识。此外,这些活动在宣传地区海洋文化的过程中也促进了海洋科技成果和海洋知识的普及(见表 10.2)。

表 10.2　主要景区的营销策略①

景区名称	营销口号	产品推荐
普陀山	"想到了就去普陀山"	禅修体验产品等
朱家尖	"时尚海洋、自在生活"	沙雕节、《印象普陀》大青山海岛生态公园、体育运动、康体活动、邮轮、游艇、滨海度假等
沈家门	"渔都港城"	沈家门渔港游、沈家门海鲜大排档等
桃花岛	"你去过桃花岛吗"	滨海度假、影视体验、武侠爱情文化等
东极岛	"海上香格里拉"	海钓、探险、运动、休闲、渔俗文化旅游
白沙岛	"海钓乐园"	海钓
定海	"群岛旅游、定海开始"	历史文化游、休闲游、大桥观光游、生态游
岱山岛	"蓬莱仙岛"	古镇游、康体游、度假游、海上运动、民俗文化游等
秀山岛	"我为泥狂"	滑泥主题公园、海景房产、滨海度假等
嵊泗列岛	"上乘之山、四海之水"	列岛观光、港城景观、滨海度假、康体、海上运动、民俗文化等

发展互动式的文化旅游活动也是关键。要利用大众传媒网络、海洋生态文明进社区等形式,围绕海洋生态保护的主题开展形式多样的宣传教育活动,提升民众的社会责任感和道德修养。例如,发展大众所喜闻乐见的海洋体育运动,开展海洋体育活动,通过参与海洋体育运动的方式进行海洋历史文化的学习和交流。在渔业节庆和综合性海洋文化节中也可以加进体育竞技活动,吸引群众参与海洋体育运动的积极性,共同打造舟山海洋体育的文化品牌。在此,海洋体育文化活动也有助于打破各个岛区的封闭性,将舟山群岛新区内各个分散独立的海岛和涉海群众组织并团结起来,通过海洋体育竞技和体育民俗文化节庆的形式进行情感和文化的交流沟通。这类活动一般以海上竞技比赛为主,如海钓比赛、帆船比赛等,在未来我们也要加快实施渔农村全民健身计划,加快乡镇(街道)全民健身中心、中心村体育休闲公园、中心村全民健身广场的

① 舟山市旅游委员会.舟山市"十二五"海洋旅游业发展规划[EB/OL]. http://www.zhoushan.gov.cn/web/xqlt/xqgh/zxgh/201301/t20130131_224278.shtml,2011-09-30.

建设,形成全市范围内以海洋为主题的体育文化。

海洋意识的提高离不开对海洋知识的宣传和教育。发展海洋文化的关键在于海洋意识教育①。在舟山海洋文化建设的过程中,要进一步进行全民海洋意识的教育和普及,改变人们重陆轻海的认识偏差,结合社会活动传授海洋环境保护知识技能,使公众自觉地遵守生态红线。在学校教育中应增强海洋生态保护的内容,树立起保护海洋环境资源的责任感。通过让学生参与增殖放流活动来推广海洋知识,在海洋环境参与过程中培育民众的公共精神。当然,可通过广播、电视、报刊等各种媒体加强对海洋工作的舆论宣传,营造全社会在沿海大开发背景下重视海洋生态环境保护的氛围。同时,也要通过举办各种海洋科学知识培训、技术讲座等,对沿海居民、渔民以及沿海地区的海洋企业开展计划性的海洋教育普及和技能提升,使他们充分认识海洋的价值,积极参与海洋环境保护。

另外,关于保护海洋生态发展的各种努力不仅需要舟山本地人的支持,也需要游客和各种外来人口的支持。在海岛旅游开发建设过程中,要特别强调对外来游客海洋保护意识的培养和海洋环保知识技能的宣传,可通过影视展览、现场参观等形式激发其海洋环境意识。为此,舟山新区相关政府部门为保持旅游者和当地居民的和谐相处,给游客、旅游业人员以及当地民众提供了教育解说资料以介绍当地生态和文化特色,帮助公众树立环境保护及文化保存意识,同时还制定了周详规范以约束游客活动和各项开发行为②。为了进一步推进生态旅游事业,相关部门还要做好事先规划和游客管理计划,评估旅游发展可能带来的正负面影响,以减低游憩活动可能造成的冲击。尤其是,要照顾一些环境脆弱的景区,在意识层面上提升景区当地居民环保意识和游客文明观光意识。

总之,要实现建设海岛花园城市目标,就要具有海洋意识并进行海洋生态文明的宣传。为了形成积极的海洋环境意识,我们既要从教育入手强化民众的海洋意识,也要充分利用基层社会组织来开展工作。舟山

---

① 陈艳红.发展海洋文化的关键在于海洋意识教育[J].航海教育研究,2010(4):12-15.
② 李江敏,覃楚艳.我国生态旅游发展现状及对策研究[J].湖北大学学报(哲学社会科学版),2007,34(1):117-119.

群岛生态旅游业的开发要克服以往各个子系统分散管理与建设景区的弊病,将各自分立的群岛作为一个整体系统来建设主题景区。在充分彰显各岛屿子系统自身优势的同时,也要在这些海洋文化活动中融入海洋环境保护的知识技能和海洋环境意识教育的内容,提高其在海洋环境保护中的作用。当然,我们也要大力推进保护海洋生态的各种活动,针对不同的教育对象运用不同的活动方式和教育方法,大力倡导海洋文明的观念,强化生态环境的宣传教育工作,使人们从与自然和谐而不是对自然进行剥夺的角度去理解人和海洋的关系,最终改造人们的行为导向。

第十一章
维护海洋生态文明　推进舟山海岛花园城市建设

　　全球化进程发展到今天,资源和环境与经济发展和人居生活的矛盾日益突出。这一矛盾也反映在海洋开发中。对于海洋的开发利用是一个社会经济发展的重要方面。从国际经验来看,从陆地的开发走向海洋的开发也是不可避免的大趋势。但如何进行海洋环境的保护,保持海洋生态环境的可持续发展,则是我们在这一开发过程中必须考虑的问题。科学的开发利用可以使我们的生活更好,通过开发利用也能够使海洋生态变得更好,而不仅仅是无所作为地保留其原生态状况。可以通过开发项目的设立和经济资源的投入改善自然环境,实现经济与海洋生态的和谐发展。在这一背景中来讨论舟山群岛的开发战略和政策就具有重要的意义。近年来,舟山市政府部门注重生态环境的保护,也大力推动招商引资和发展旅游产业,形成新的海洋发展战略,力图实现把舟山群岛建设成国际海岛花园城市的目标。在这一发展进程中,舟山区域发展面临种种新情况、新问题,需要寻找新的解决办法。这些办法可以从实践中总结获得,也可以通过学习国外经验来获得。本书回顾了相应的问题、当地的政策实践和相关的经验,并对舟山市的发展战略和区域规划展开了讨论。

　　本书把舟山经验作为一个研究的个案来讨论如何处理好海洋保护与地区发展的这一矛盾,探索海洋战略和海洋保护问题的典型个案,通过对舟山新区经济发展和海洋生态环境保护的现状及其背景的分析,探讨其所具有的优势和存在的问题,通过这些讨论寻找应对这些问题的相关政策,以便形成相应的发展建议。对于相关经验总结和讨论,我们力图寻找在开发海洋的过程中如何把长远的利益和眼前的利益结合起来,使海洋生态环境保护与经济发展目标相兼容,融合当地海岛文化的特色,形成以海洋经济为驱动力的多元化、多层次经济发展体系。同时,也通过经济发展来反哺海洋环境的修补和生态保育工作。相关讨论涉及发展的原则和理念,以及如何把这些价值原则和政策理念落实到政策实践中去。相关研究可以与国际海洋生态保护中的成果经验相比照,从而发掘这些经验所具有的较为普遍的意义。

从舟山海洋经济的开发和发展经验看,科学的区域发展规划的制定和实施是一个基本的手段,同时公共服务和社会管理措施的运用也是不可或缺的。在区域规划方面,舟山政府针对区域发展制定了一系列的规划规定和法规,包括"十二五"规划、区域发展规划、海洋功能规划、城市发展规划、土地使用规划等,这些规划都为舟山地区的发展提供了指导。例如,舟山市制定实施了《舟山群岛主体功能区规划》和《舟山群岛生态环境功能区规划》,按照新区产业功能定位对不同区域和不同岛群实施差别化的环境准入和管理政策。为此,要以区位规划为指导,注重建设海岛经济,充分利用其较长的深水岸线及港域辽阔的优势,通过法律法制的手段来确保区域规划的有效执行。通过区域规划引导经济发展过程中人力、物力和财力的走向及产业定位的工具。当然,这些规划的内容是多方面的,是纲要式的,需要有进一步的论证和阐发,并针对其规划的合理性进行论证和说明。本书综合讨论了各方面的规划要求,并针对其焦点问题和重点问题展开了讨论。在一些章节中,这些讨论被放在国际背景中展开,从而跳出区域发展的框架来进行更为宏观的讨论和阐发。

在公共服务和社会管理方面,海洋生态的保护离不开政府提供的公共服务。在此,舟山市确立了建设海岛花园城市的构想,当地政府也为追求这一目标大力发展公共服务和社会管理工作。政府在加快沿海地区产业结构调整与合理布局方面采取了各种措施,并且推动海域修复与陆域环保工作,使海洋和海岸工程监管与城镇治污同港、湾、河整治齐头并进。同时,政府也强调海洋生态监视监测与环境预警预报相结合,注重管控机制建设,使趋势监测、功能区监测与专项监控性监测相统一。与此同时,政府建立健全规划、管理、执法和监督海洋生态建设进程的机制体系,强化海洋环境污染防治和海洋生态系统修复的工作力度。在这个过程中,应始终秉持可持续理念,注重陆地系统和海洋系统的统筹协调建设,通过借鉴优秀管治经验和不断实践创新,探索出符合本地区发展需要的生态环保管治机制①。另外,应加强与海洋生态有关的科学研究和教育建设,提高海洋环境突发事件处理和海洋灾害防控能力。

同时我们也看到,海洋生态环境保护是一项跨区域、跨部门、跨行业的复杂而特殊的系统工程,涉及面广,工作任务重,需要全社会参与及各部门协调合作和长期坚持。在舟山,政府、企业和科研单位有效地联动公共努力,实行资源共享、联合协作、协调行动的工作机制。这些努力包括发展休闲旅游、生态渔业、临港工业,发展海洋医药产业,并举办以海洋文化节和海洋体育运动为标志的群众性海洋活动,提高全民环保意识。社会各界也共同努力应对海洋生态环境保护和海洋政策所面临的挑战,力求最大化地实现经济和生态相协调的双收益成果。针对舟山油品储运业环境风险,有关机构坚持部门联动,开展海上事故的预防和事故处理演练,提高抗风险的应急处置能力。充分调动各级组织和部门的参与积极性,通过项目合作、海洋科技学术交流以及职业技能培训等,可以为形成海洋科技开发和运行基地奠定制度基础。因此,推进舟山新区的发展属横跨多个政府部门的职能范围,只有结合多样化多种类的沿海生态管理方式的综合政策框架,才能够更好地促进舟山海洋经济的发展,从而带动整个地区的发展。

海洋生态文明城市必然少不了高科技和信息化元素的融入。发展具有特色和吸引力的新时代打造舟山科技城,是一项兼具机遇和挑战的

---

① 王春蕊.沿海开发进程中海洋生态环境保护的机制与路径[J].石家庄经济学院学报,2013,36(3):50-52.

任务。必须强化高新技术产业的发展，以减轻工业发展给当地发展所带来的环境压力。例如，2015 年舟山市开始建立了舟山海洋科技研发基地，该基地将设立相关的机构，在海域海岛保护开发和管理、深海资源调查、深海装备技术研发、海洋资源综合利用开发等方面进行工作。建成"海洋科技城"，使人们拥有完备的电子信息覆盖网络，使港口运输和物流服务等产业过程可以采用无人化的电子机械操作并通过电子信息网进行实时监控。目前，"海洋科技城"已有近 150 家企业和科研机构入驻，并将继续加大"招商引智"力度，打造"创客码头"品牌①。同时，也力图把舟山发展成"海洋科技城"②，建设海洋电子商务产业园，集聚科技公司、电子商务公司等舟山目前最优秀的电商企业，开展境内和跨境电子商务业务，也为中小型电子商务企业服务，并重点打造具有全国影响力的海洋电子商务产业集群，构建良好的电子商务生态圈。建立海洋文化创意产业园，聚集本地各家文化创意公司、电子科技公司和珠宝公司等 10 多家企业，成为中国海洋文化创意、创新、创业中心。

在这些努力中，舟山市十分注重环境保护方面的工作。舟山市对涉及环保的项目严格实行"一票否决"制，严把项目审批、建设和验收这环境准入三道"关口"，并做到"审批前介入、建设中监督、运行后检查"的全过程环境监管。在海洋工程环境影响管理上，舟山市在浙江全省率先举行围填海项目听证会，率先开展海洋生态补偿，率先实行海洋工程环境影响的全过程监管，海洋工程的跟踪监测监管率、围填海项目的听证率、海洋生态补偿资金的执行率都达到了 100%。在海事管理中，推进外钓岛舟山市船舶溢油污染应急处置中心、大（中）型溢油应急设备库、海上消防站和海上消防船舶以及多功能综合清污船建设，实施《舟山市防治溢油污染海洋应急能力建设规划》，并建立了针对溢油事件的应急指挥中心③，形成了较为完善的溢油风险防范体系。

当然，在舟山区域发展的过程中，也存在着一些瓶颈问题。首先是

①　幸笑薇.海洋科学城五大产业园建设齐头并进［N］.舟山日报，2015-08-10.
②　李阳春.广西北部湾经济区海陆一体化发展的对策研究［J］.特区经济，2011(2)：196-199.
③　王敏.有一种幸福叫"踏实"［N］.中国水运报，2013-12-13.

吸引投资方面的问题。舟山新区的发展也取决于人力、物力、财力的投入状况。由于经济总量较小，舟山走完全依靠自己、自力更生的发展道路是不现实的。舟山新区的发展状况和程度取决于国家和各级政府制定的相应的发展规划和必要的财政投入；同时，也需要有研究力量和科技力量的进入。目前，浙江大学等高校和研究机构正陆续进驻舟山新区，这将为舟山新区未来的发展带来新的科技力量，为新区的建设发展提供新的高尖端人才、技术和资本支持。但迄今为止，其研究基础尚十分薄弱，例如舟山新区在海洋生物医药、海洋能源开发、海洋化妆品等高技术含量、高附加值新兴产业的发展仍较为落后。

值得注意的还有，在保护海洋生态环境的问题上，舟山新区目前所获得的财政支持和融资能力仍十分有限，进行生态补偿和环境修复的经济能力还很弱。目前，对于影响海洋生态环境的经济发展举措以及相关政策尚未建立起长期跟踪的评测体系。同时，在区域发展资金可持续问题上，无法有效地防止执行区位规划过程中所出现的种种问题，例如如何确保政策、规划的科学性和延续性，避免治理和执法过程中的人为因素影响，等等；在推进舟山地区的经济发展中，如何实现以传统渔业和旅游业为特色的产业体系的转型升级和改造仍然是个问题；在海洋文化的建设上，尽管人们对海洋生态环境保护的意义已有一定程度的认识，但由于缺乏资金的支撑，具体的政策行动仍十分欠缺。

此外，在公共基础设施建设方面，自从跨海大桥建成之后舟山的交通状况有了根本性的转变，这对新区建设和经济发展产生了很大的促进作用。然而，六横、岱山和桃花岛等地的交通仍十分不便，嵊泗、大小洋山等地的交通发展仍较滞后。由于舟山的淡水、日常蔬果供应极大程度上仍依靠陆地，因此能否完善和健全公共交通等基础设施建设，决定了舟山能否实现海岛经济的可持续发展。与此同时，在发展的过程中，我们也要充分考虑到环境的可承受性，缓解由人口和土地的有限性所带来的环境压力，实现经济发展的科学规划和可持续发展。

总之，近十年来舟山地区海洋经济的发展态势良好，建设海洋花园城市的工作正在全面推进。政府通过政策优惠和合作项目吸引投资[①]，用于发展临港工业，提高当地高新海洋科技产业发展在地方经济中所占的比重，强化舟山市的核心竞争力。在推进舟山新区的发展过程中，地方政府提出了许多好的理念和构想，并采取了政策措施来落实这些构想。这些政策试图结合海岛特征来发展当地经济。舟山区域正在实施产业经济转型并向着建设自由港的方向迈进。它所取得的成功经验对于我们思考区域发展和生态保护问题、分析海洋经济发展和生态环境保护之间的关系，都将具有重要的启发意义。中国正在由内陆时代步入面向海洋的发展时代，在这一过程中，舟山地区可以起到政策试验田和先行者的作用。因此，研究舟山群岛新区传统的海洋经济产业结构转型和升级的进程，有助于加深对舟山面向海洋的发展进程及其特点的认识，也能够为我们探讨如何开发沿海地区、实现中国面向海洋的发展战略提供参考和借鉴。

---

① 孟志良. 中国(舟山)海洋科学城建设对策研究[D].大连:大连海事大学,2014.

参考文献

1. European Commision. Environment Fact Sheet: Protecting and Conserving the Marine Environment[EB/OL]. http://ec. europa. eu/environment/pubs/pdf/factsheets/marine. pdf,2006.

2. Rogers, A. D. & Gianni, M. The Implementation of UNGA Resolutions 61/105 and 64/72 in the Management of Deep-Sea Fisheries on the High Seas[D]. Report Prepared for the Deep-Sea Conservation Coalition. International Programme on State of the Ocean, London, United Kingdom, 2010.

3. Costanza, R., d'Arge, R., de Groot, R., Farber, S., Grasso, M., Hannon, B., Limburg, K., Naeem, S., O'Neill, R., Paruelo, J., Raskin, R., Sutton, P. and van den Belt, M. The Value of the World's Ecosystem Services and Natural Capital[J]. Nature, 1997,387:253-260.

4. Pearce, D., Barbier, E., Markandya A. Sustainable Development: Economics and Environment in the Third World[M]. Routledge, 2013.

5. Eucon Shipping&Transport Ltd. Sailings[EB/OL]. http://www. eucon. nl/master-schedule. html.

6. State Ministry of Economic Affairs, Transport and Innovation

Hamburg Port Authority. Hamburg is Staying on Course: The Port Development Plan to 2025. Hamburg: Free and Hanseatic City of Hamburg, 2012 [EB/OL]. http://www. hamburg-port-authority. de/en/press/ Brochures-and-publications/Documents/port-development-plan2025. pdf.

7. Grossman, G. M. and Krueger, A. B. Economic Growth and the Environment [J]. Quarterly Journal of Economics,1995, 110 (2): 353-377.

8. Ekins, P. Economic Growth and Environmental Sustainability: The Prospects for Green Growth[M]. Routledge, 2002.

9. Ng, A. & Song, S. The Environmental Impacts of Pollutants Generated by Routine Shipping Operations on Ports [J]. Ocean & Coastal Management, 2010,53 (5): 301-311.

10. United Nations . The Future We Want: Outcome Document Adopted at Rio+20[EB/OL]. http://www. uncsd2012. org/content/ documents/727The% 20Future% 20We% 20Want% 2019% 20June% 201230pm. pdf,2012.

11. European Commision. Living Well, within the Limits of Our Planet: The General Union Environment Action Programme to 2020. http://ec. europa. eu/environment/pubs/pdf/factsheets/7eap/en. pdf,2013.

12. Papadaki, O. European Environmental Policy and the Strategy: "EUROPE 2020"[J]. Regional Science Inquiry Journal,2012, 4 (1): 151-158.

13. 百度百科. 海洋文明[EB/OL]. http://baike. baidu. com/link? url=AnWqYoaQASv6jPN-cbIZeOBCoY382hEN1qsHTjAsj6xzO-8Xrev bu4wqdYexJHFlQoNqg7JDuOWhee2Sot3ZDK,2015-07-04.

14. 百度文库. 舟山市海洋旅游产业发展总体规划领导小组[EB/ OL]. http://wenku. baidu. com/view/999bbae9102de2bd960588b1? fr =hittag&album=doc&tag_type=1,2012-04-02.

15. 蔡丽萍. 六横岛东部围填海对沉积物和底栖生物的影响[D]. 舟山:浙江海洋学院,2012.

16. 蔡彤. 公共物品供给模式选择与政府行为负外部性的防范. 经济管理[J],2005(16):92-96.

17. 曹漫. 舟山市首批渔民领取生活补贴[EB/OL]. http://www. chinadaily. com. cn/hqcj/xfly/2015-04-03/content_13486723. html,2015-04-03.

18. 柴寿升,王刚. 现代休闲渔业与传统渔业的比较研究[J]. 中国海洋大学学报(社会科学版),2008(6):9-13.

19. 车洁舱. 汉堡港口新城低碳策略的实施及其空间影响研究[G]//低碳生态城区与绿色建筑. 第九届国际绿色节能与建筑节能大会论文集 S08. 北京:人民教育出版社,2007:90-99.

20. 车鸣. 哲学视角下陆源污染问题研究[J]. 法制与社会,2011(17):254-255.

21. 陈斌. 关于进一步推进舟山市远洋渔业整合发展的思考[EB/OL]. http://www. zsdx. gov. cn/mainWebSite/news/e6696a03-4851-4af4-8436-8b2cc141987f. html,2014-09-10.

22. 陈莉莉,苗世军,陈叶,等. 研究报告 第十一期"美丽海岛"建设新举措:"强化特色"与"分层分类"——舟山市定海区新农渔村调查[EB/OL]. http://czzc. zjou. edu. cn/listDetail. aspx? nid=671,2014-01-20.

23. 陈伦伦. 论我国公用港口基础设施投融资体制的构建[J]. 改革与战略,2008,24(11):38-40.

24. 陈雯. 我国区域规划的编制与实施的若干问题[J]. 长江流域资源与环境,2000,9(2):141-147.

25. 陈艳红. 发展海洋文化的关键在于海洋意识教育[J]. 航海教育研究,2010(4):12-15.

26. 陈勇. 从鹿特丹港的发展看世界港口发展的新趋势[J]. 国际城市规划,2007(1):58-62.

27. 陈勇. 我国循环经济立法中存在的问题与对策研究[J]. 重庆社会科学,2004(1):44-47.

28. 陈勇. 循环经济理念下我国环境保护立法问题研究[D]. 长沙:

湖南师范大学,2005.

29. 陈勇.循环经济立法中的问题与对策[J].环境经济,2005(Z1):46-50.

30. 陈挚.城市更新中的生态策略——以汉堡港口新城为例[J].规划师,2013(S1):62-72.

31. 陈挚.码头及港口区改造的风险管理研究——以汉堡港口新城为例[J].上海城市规划.2013(1):41-47.

32. 程功舜.海洋生态补偿的法律内涵及制度构建[J].吉首大学学报(社会科学版),2011,32(4):123-127.

33. 程建华,武靖州.我国公共物品低效供给的表现与对策[J].农村经济,2008(2):6-10.

34. 崔洁.生态旅游项目风险管理研究[D].杭州:浙江工业大学,2012.

35. 达婷.城市化背景下城市规划与产业规划的互动关系[J].山西建筑,2008,34(12):63-64.

36. 笪素林.社会治理与公共精神[J].南京社会科学,2006(9):92-97.

37. 岱山:唱响"富强和谐"曲[N].新华每日电讯,2008-08-16.

38. 岱山海洋与渔业局.浙江舟山岱山县出台转产转业渔民开展职业技能培训工作实施方案[EB/OL].http://www.shuichan.cc/news_view-238569.html,2015-03-26.

39. 邓永胜.国家海洋局公布全国海洋功能区划(全文)[EB/OL].http://www.chinanews.com/gn/2012/04-25/3846144.shtml,2012-04-25.

40. 丁建伟.舟山市海洋生态补偿的实践和探索[J].渔业信息与战略,2014,29(2):92-97.

41. 丁洁帅.舟山:建设国际海岛旅游目的地、佛教文化旅游胜地[EB/OL].http://gb.cri.cn/43871/2015/08/12/5631s5064190.htm,2015-08-12.

42. 丁忠.舟山群岛新区海洋农业发展路径研究[D].雅安:四川农业大学,2013.

43. 董哲仁.荷兰围垦区生态重建的启示[J].中国水利,2003(11):45-47.

44. 堵开源.国家海洋局:南沙岛礁采用"自然仿真"方法 不影响生态环境[EB/OL]. http://www.guancha.cn/Science/2015_06_19_323942. shtml,2015-06-19.

45. 杜锦霞,丁渊鸯,程敏东.六横:打造海洋深水港口的宜居宜业海岛城市[J].中国经贸导刊,2015(1):35-37.

46. 杜赞奇.作为网络的亚洲:过去的将来时[EB/OL]. http://yd. sina.cn/article/detail-iawzunex3030230.d.html,2014-08-02.

47. 法制生活网.我国八个国家级新区创建历程[EB/OL]. http:// www.fzshb.cn/News/201401/44559.html,2014-01-24.

48. 付翠莲.关于舟山海洋经济可持续发展的前瞻性思考[J].海洋开发与管理,2009,26(5):123-126.

49. 港口大产业 嵊泗崛起新引擎[N].浙江日报,2010-07-13.

50. 高益民.海洋环境保护若干基本问题研究[D].青岛:中国海洋大学,2008.

51. 戈华清,蓝楠.我国海洋陆源污染的产生原因与防治模式[J].中国软科学,2014(2):22-31.

52. 郭臣.胶州湾围填海造陆生态补偿机制研究[D].青岛:中国海洋大学,2012.

53. 贺晴雨,吴辰华.试论生态补偿机制构建[J].安徽农业大学学报(社会科学版),2007,16(2):20-23.

54. 洪必纲.公共物品供给中的寻租治理[J].求实,2010(11):77-79.

55. 洪丽娟.新加坡港海洋污染预防综述[J].交通环保.1995,16(5):23-28.

56. 胡孝平,马勇,史万震.鄂西生态文化旅游圈生态补偿机制构建[J].华中师范大学学报(自然社会科学版),2011,45(3):480-484.

57. 黄建钢."浙江舟山群岛新区·现代海上丝绸之路"研究[M].北京:海洋出版社,2014.

58. 黄小燕,陈茂青,陈奕.滩涂围垦冲淤变化及对生态环境的影响——以舟山钓梁围垦工程为例[J].水利水电技术,2013,44(10):30-33.

59. 黄最惠,晏利扬.城市花园什么在多什么在少?[N].中国环境报,2012-11-01.

60. 贾欣.海洋生态补偿机制研究[D].青岛:中国海洋大学,2010.

61. 姜宇栋,王骥腾,韩涛,等.舟山海水养殖业现状调研[J].水产养殖,2012,33(1):30-33.

62. 孔朝阳.舟山市六横岛农村水污染现状及治理对策研究[J].绿色科技,2011(10):120-122.

63. 孔梅,黄海军.海岛开发活动的环境效应评价[J].安徽农业科学,2010,38(19):10184-10185.

64. 赖力,黄贤金,刘伟良.生态补偿理论、方法研究进展[J].生态学报,2008,28(6):2870-2877.

65. 蓝颖春.《全国海洋主体功能区规划》解读[J].地球,2015(9):32-35.

66. 李百齐,黄建钢.制定正确的海洋战略努力保护我国的海洋权益——首届全国政府管理与海洋战略学术研讨会综述[J].中国行政管理,2005(9):95-96.

67. 李斌.加强监管 强化保护[N].人民代表报,2006-10-17.

68. 李红山,黎松强.水体富营养化的防治机理——污水深度处理与脱氮除磷[J].海洋科学,2002,26(6):31-34.

69. 李江敏,覃楚艳.我国生态旅游发展现状及对策研究[J].湖北大学学报(哲学社会科学版),2007,34(1):117-119.

70. 李静云.严重的国际环境违法事件——科特迪瓦毒垃圾事件的国际法分析[J].世界环境,2006(5):19-22.

71. 李娟,刘伟,李文娟.鹿特丹港"转变运输方式"计划及借鉴[J].水运管理,2013(12):35-37.

72. 李权昆.从鹿特丹看湛江港口物流中心建设[J].海洋开发与管理,2004(6):58-61.

73. 李舒瑜.像开发西部一样把眼睛瞄向海洋[N].深圳特区报,2006-11-26.

74. 李文国,魏玉芝.生态补偿机制的经济学理论基础及中国的研究现状[J].渤海大学学报(哲学社会科学版),2008(3):114-118.

75. 李艳.城市交通可持续发展及资源模式研究[D].西安:长安大学,2002.

76. 李阳春.广西北部湾经济区海陆一体化发展的对策研究[J].特区经济,2011(2):196-199.

77. 李占玲,陈星飞,李占杰,等.滩涂湿地围垦前后服务功能的效益分析——以上虞世纪丘滩涂为例[J].海洋科学,2004,28(8):76-80.

78. 梁芳.公众参与防治陆源污染的法律制度研究[D].青岛:中国海洋大学,2008.

79. 梁芳,王书明.刍议建立和完善公众参与陆源污染防治机制[J].黑龙江省政法管理干部学院学报,2008(6):131-134.

80. 梁慧,张立明.国外生态旅游实践对发展我国生态旅游的启示[J].北京第二外国语学院学报,2004(1):76-90.

81. 林金兰,陈彬,黄浩,等.海洋生物多样性保护优先区域的确定[J].生物多样性,2013,21(1):38-46.

82. 林卡,吕浩然.环境保护公众参与的国际经验[M].北京:中国环境出版社,2015.

83. 刘蓓,梁嘉宸,魏佳.生态足迹理论视阈下广西生态补偿的实证研究[J].广西民族研究,2015(6):147-154.

84. 刘翠.建立生态补偿的依据及其意义[D].青岛:中国海洋大学,2010.

85. 刘慧静,黄最惠.舟山市生活垃圾无害化处理率超90%[EB/OL].http://www.cn-hw.net/html/china/201411/47784.html,2014-11-26.

86. 刘佳.舟山群岛新区"十三五"电网规划工作正式启动[EB/OL].http://news.xinhuanet.com/energy/2014-04/17/c_126402511.htm,2014-04-17.

87. 刘小新,陈舒劼.解评陈明义新著《海洋战略研究》[J].福建论坛(人文社会科学版),2014(5):174-176.

88. 刘召凤,俞存根.浙江舟山渔业经济可持续发展对策研究[J].农村经济与科技,2014,25(10):51-52.

89. 刘子刚,蔡飞.区域水生态承载力评价指标体系研究[J].环境污染与防治,2012,34(9):73-77.

90. 龙华,周燕,余骏,等.2001—2007年浙江海域赤潮分析[J].海洋环境科学,2008,27(S1):1-4.

91. 楼加金,刘兴国,胡建平,等.新区背景下舟山捕捞渔业转型升级战略研究[J].渔业信息与战略,2012,27(4):284-288.

92. 吕蓉.港口规划环境影响评价的研究及实践[D].大连:大连海事大学,2006.

93. 吕月珍,孔朝阳.浙江海岛渔农村水环境污染现状及治理保护对策探析——以舟山六横岛为例[J].海洋开发与管理,2012(9):66-69.

94. 罗虎.国家重点风景名胜区中国国际沙雕发源地朱家尖[J].今日浙江,2003(6):1-2.

95. 马志军.滨海湿地生物量最大的生态系统[J].人与生物圈,2011(1):4-13.

96. 毛卫平.关于"可持续性发展"的思考[J].党校科研信息,1995(23):26-27.

97. 毛显强,钟瑜,张胜.生态补偿的理论探讨[J].中国人口·资源与环境,2002,12(4):40-43.

98. 毛泳渊,赵增元,于志海.湖南小溪国家级自然保护区生态旅游资源评价[J].林业调查规划,2007,32(2):58-62.

99. 孟阿荣,刘诗剑.普陀:船企"转舵"远航[J].今日浙江,2012(24):33.

100. 孟范平,刘宇,王震宇.海水污染植物修复的研究与应用[J].海洋环境科学,2009,28(5):588-593.

101. 孟志良.中国(舟山)海洋科学城建设对策研究[D].大连:大连海事大学,2014.

102. 苗丽娟,王玉广,张永华,等.海洋生态环境承载力评价指标体系研究[J].海洋环境科学,2006,35(3):75-77.

103. 彭展,王松.欧洲考察话物流——中国石化物流硕士班考察欧洲物流业观感[J].中国石油石化,2008(2):46-48.

104. 钱奕.以海洋思维来看待海洋经济——专访浙江海洋学院党委副书记黄建钢教授[J].观察与思考,2011(9):25-27.

105. 秦烟.四大新区延伸阅读[J].观察与思考,2011(9):12-15.

106. 趣多多旅游网.朱家尖地图高清大地图[EB/OL].http://www.city8.com/map/13757.html,2015-04-03.

107. 全国党建网站联盟.朱家尖"十三五"时期经济社会发展思路研究[EB/OL].http://www.zhujiajian.com.cn/Tmp/newsContent.aspx?ArticleID=c19f2aa9-48b7-4d0d-99dc-e9ddcaebb3d2,2015-06-17.

108. 全国海洋功能区划(2011—2020年)[N].中国海洋报,2012-04-18.

109. 人文网.朱家尖岛[EB/OL].http://www.renwen.com/wiki/朱家尖岛,2014-03-10.

110. 三亿文库.新加坡旅游业的发展及对我国的启示[EB/OL].http://3y.uu456.com/bp-66f30737s727ase98s6a61c2-1.html.

111. 申洪臣,王健行,成宇涛,等.海上石油泄漏事故危害及其应急处理[J].环境工程,2011,29(6):110-114.

112. 沈承宏.把舟山建成全国现代渔业强市[N].中国渔业报,2011-08-08.

113. 沈南南,李纯厚,王晓伟.石油污染对海洋浮游生物的影响[J].生物技术通报,2006(S1):95-99.

114. 慎佳泓,胡仁勇,李铭红,等.杭州湾和乐清湾滩涂围垦对湿地植物多样性的影响[J].浙江大学学报(理学版),2006,33(3):324-332.

115. 嵊泗县统计局.嵊泗简介[EB/OL].http://www.shengsi.gov.cn/_sstj/chnl9749/index.htm,2015-02-15.

116. 石玉平.优化海洋开发格局[N].中国船舶报,2015-08-26.

117. 四川在线.浙江舟山群岛新区概况[EB/OL].http://focus.scol.com.cn/zlk/content/2011-08/17/content_2719724.htm,2011-08-17.

118. 宋建军.贫困山区县生态城镇的区域规划与建设模式研究

——以湖南省隆回县为例［D］.长沙:湖南农业大学,2005.

119. 孙桂娟.净月潭旅游经济开发区生态旅游发展研究［D］.长春:吉林大学,2006.

120. 孙家韬.中国海洋区域经济格局亟需深度调整［J］.开放导报,2010(3):106-110.

121. 孙建军,胡佳.欧亚三大港口物流发展模式的比较及其启示——以鹿特丹港、新加坡港、香港港为例［J］.华东交通大学学报,2014,31(3):35-41.

122. 孙新章,周海林.我国生态补偿制度建设的突出问题与重大战略对策［J］.中国人口·资源与环境,2008,18(5):139-143.

123. 孙钰.保护生物多样性 维护国家生态安全——访中国工程院院士金鉴明［J］.环境保护,2007(13):4-6.

124. 覃戈.定海设立渔民互助保险专项资金［EB/OL］.http://zsxq.zjol.com.cn/system/2015/01/18/020468664.shtml,2015-01-18.

125. 覃戈.以渔民需求为导向践行群众路线［EB/OL］.http://zsxq.zjol.com.cn/system/2014/11/21/020372596.shtml,2014-11-21.

126. 汤筠,孟芊,杨永恒.区域规划理论研究综述［J］.求实,2009(S2):140-143.

127. 唐晔,赵惠莲.素食,呼唤绿色回归［J］.沪港经济,2011(9):79.

128. 唐钊,秦党红.遏制污染转移应加强公众参与［J］.行政与法,2010(6):47-51.

129. 陶伦康,鄢本凤.循环经济与可持续发展战略［J］.河北科技大学学报(社会科学版),2007(3):8-12.

130. 田义文,田晨,徐堃.再论生态补偿"谁保护、谁受益、获补偿"原则的确立［J］.理论导刊,2011(4):60-62.

131. 万薇,张世秋,邹文博.中国区域环境管理机制探讨［J］.北京大学学报(自然科学版),2010,46(3):449-456.

132. 汪海.荷兰、韩国海洋开发对江苏沿海开发的启示［J］.现代经济探讨,2010(11):40-43.

133. 王春蕊.沿海开发进程中海洋生态环境保护的机制与路径[J].石家庄经济学院学报,2013,36(3):50-52.

134. 王东祥,张元和.浙江赤潮灾害及其防治对策[J].浙江经济,2001(11):34-35.

135. 王菲.2014浙江环境状况公报发布 舟山空气质量再夺冠[EB/OL].http://zj.people.com.cn/n/2015/0619/c186957-25299395.html,2015-06-19.

136. 王佳宁,罗重谱.国家级新区管理体制与功能区实态及其战略取向[J].改革,2012(3):21-36.

137. 王家伟,查志江.我国第四个国家级新区——舟山群岛新区[J].地理教学,2011(19):8-10.

138. 王轲真,王奋强.深圳近海海域环境恢复良好[N].深圳特区报,2007-07-03.

139. 王敏.有一种幸福叫"踏实"[N].中国水运报,2013-12-13.

140. 王奇,刘勇.三位一体:我国区域环境管理的新模式[J].环境保护,2009,42(13):27-29.

141. 王琪丛,冬雨.中国海洋环境区域管理的政府横向协调机制研究[J].中国人口·资源与环境,2011,21(4):62-67.

142. 王琪,张德贤,何广顺.海洋环境管理中的政府行为分析[J].海洋通报,2002,21(6):60-67.

143. 王如定.海水养殖对环境的污染及其防治[J].浙江海洋学院学报(自然科学版),2003,22(1):60-62.

144. 王伟浩,吴长江.论源洋石油污染对渔业的危害及其防治对策[J].海洋与海岸带开发,1994(1):33-35.

145. 王文洪.舟山海洋文化名城特色研究[J].现代城市研究,2011(9):56-61.

146. 王晓红,张恒庆.人类活动对海洋生物多样性的影响[J].水产科学,2003,22(1):39-41.

147. 王在峰.海州湾海洋特别保护区生态恢复适宜性评估[D].南京:南京师范大学,2011.

148. 王震,李宜良.海岛经济可持续发展模式探究——以浙江省六横岛经济建设为例[J].中国渔业经济,2011,29(4):151-155.

149. 温艳萍,崔茂中.浙江海域赤潮灾害的经济损失评估[J].社会科学学科研究,2011(12):139-140.

150. 文丽琼.防治海洋环境陆源污染法律制度研究[D].哈尔滨:东北林业大学,2011.

151. 邬云鹏,王飞,林杭宾,等.舟山市海洋捕捞产业现状的初步分析[J].安徽农业科学,2014,42(10):3086-3088.

152. 伍鹏.我国海岛旅游开发模式创新研究——以舟山群岛为例[J].渔业经济研究,2007(2):10-17.

153. 武进新闻网.关于《中华人民共和国环境保护税法(征求意见稿)》的说明[EB/OL].http://www.wj001.com/news/nyhb/2015-06-11/650964.html,2015-06-11.

154. 武靖州.发展海洋经济亟需金融政策支持[J].浙江金融,2013(2):15-19.

155. 肖主安,冯建中.走向绿色的欧洲——欧盟环境保护制度[M].南昌:江西高校出版社,2006.

156. 谢挺,胡益峰,郭鹏军.舟山海域围填海工程对海洋环境的影响及防治措施与对策[J].海洋环境科学.2009,28(S1):105-108.

157. 新华网.里约环境与发展宣言[EB/OL].http://news.xinhuanet.com/ziliao/2002-08/21/content_533123.htm,2002-08-21.

158. 新浪网.舟山岱山县简介[EB/OL].http://nb.house.sina.com.cn/news/2012-08-17/105039351.shtml,2012-08-17.

159. 邢雁,段继文,程更新,等.域位奇绝,山海醉人的嵊泗列岛[J].航空港,2011(11):45-49.

160. 邢雁,朱志远.域位奇绝,山海醉人的嵊泗列岛[J].西南航空,2011(11):122-126.

161. 幸笑薇.海洋科学城五大产业园建设齐头并进[N].舟山日报，2015-08-10.

162. 熊怡.漫游嵊泗　慢享生活[J].今日重庆,2011(10):94-97.

163. 徐萍,梁晓杰,刘晓雷.欧洲港口发展现代物流的启示[J].综合运输,2008(3):77-80.

164. 徐秦.船舶污染对海洋环境的影响及对策[EB/OL].http://wenku. baidu. com/link? url＝r4JRBhhqd54JwFtPfUgBHNG_jX2V8Xpm0gqfRAcN-RLFXVm5G1jCO83z5fRwdNjS0xtia0cV1K27k2dRHkeGyYtzZb4KvppC5PhWanx3K6q,2015-10-31.

165. 徐秦,方照琪.国内外地主港模式差异化分析及对我国港口发展的思考[J].水运工程,2011(4):88-92.

166. 许继芳.政府环境责任缺失与多元问责机制建构[J].行政论坛,2010,17(3):35-39.

167. 薛永武.人工岛建设的原则与文化元素[N].中国社会科学报,2012-04-02.

168. 闫扬.海洋油类污染防治法律问题研究[D].哈尔滨:东北林业大学,2011.

169. 晏露蓉,张奇斌,朱敢,等.中国海洋经济可持续发展路径研究[J].金融发展评论,2012(3):101-107.

170. 晏晓婧.西部民族地区发展循环经济中的法律问题研究[D].昆明:昆明理工大学,2006.

171. 央视网.浙江推出5年10万亿刺激计划　地方债风险引担忧[EB/OL]. http://v. tynews. com. cn/jingji/c/2013-07/12/content_2452.htm,2013-07-12.

172. 杨波.船舶油污侵权责任制度研究[D].上海:上海海事大学,2005.

173. 杨方.公众环境保护意识状况调查[J].河海大学学报(哲学社会科学版),2007,9(2):37-40.

174. 杨洁,李悦铮.国外海岛旅游开发经验对我国海岛旅游开发的启示[J].海洋开发与管理,2009,26(1):38-43.

175. 叶琳."可持续发展与环境保护"国际研讨会综述[J].日本学刊,2008(3):154-156.

176. 殷文伟.论舟山海洋渔业困境及其破解[J].中国渔业经济,2007(5):56-59.

177. 印卫东.长江水污染的现状及防治的法律对策[J].水利发展研究,2003(3):36-39.

178. 应日磊.舟山市污水处理设施及管网现状[EB/OL].http://www.zsdx.gov.cn/mainWebSite/news/c9f71ead-c0fb-417d-869e-d3f8e38b520c.html,2014-04-10.

179. 尤艳馨.构建生态补偿机制的思路与对策[J].地方财政研究,2007(3):54-57.

180. 俞海,任勇.中国生态补偿:概念、问题类型与政策路径选择[J].中国软科学,2008(6):7-15.

181. 俞虹旭,余兴光,陈克亮.海洋生态补偿研究进展及实践[J].环境科学与技术,2013,36(5):100-104.

182. 袁碧华.岱山县区域位置图[EB/OL].http://dsnews.zjol.com.cn/dsnews/system/2010/02/04/011816051.shtml,2012-03-26.

183. 曾莉.公共治理中公民参与的理性审视——基于公民治理理论的视角[J].甘肃社会科学,2011(1):69-72.

184. 张成,走近德国港口物流[J].物流时代,2006(17):52-54.

185. 张得福.抢抓大中型工程 开启新的增长点——宁波—舟山港六横跨海大桥项目正式立项[EB/OL].http://www.conch.cn/dt2111111748.asp? DocID=2111242891.

186. 张金柱,徐学华,杨艳坡.太行山片麻岩山区前南峪旅游资源评价研究[J].西北林学院学报,2006,21(4):162-165.

187. 张莉.船舶生尾输产生的环境谈污染及其防治工程与技术[J].环境保护,1999(8):17-19.

188. 张丽君.从海洋生物多样性保护看我国海洋管理体制之完善

[J].广东海洋大学学报,2010,30(2):15-17.

189. 张美英.你知道中国海洋国土面积是多少吗?[EB/OL]. http://news.k618.cn/ztx/201206/t20120611_2216324.htm,2012-06-11.

190. 张世坤.有关汉堡港、鹿特丹港、安特卫普港的考察——兼谈我国保税区与国际自由港的比较[J].港口经济,2006(1):42-43.

191. 张旖恩.生态旅游资源评价体系研究[D].雅安:四川农业大学,2008.

192. 张友德.2014 年政府工作报告[EB/OL]. http://www.liuheng. gov.cn/ShowInfo.Asp? id＝5120&lm＝13&lm2＝0&lmn＝％u653F％ u5E9C％62A5％u544A&lm2n＝&lm3＝&lm3n＝&lmtype＝,2015-01-20.

193. 章铮.生态环境补偿费的若干基本问题[A].国家环境保护局自然保护司.中国生态环境补偿费的理论与实践[C].北京:中国环境科学出版社,1995.81-87.转引自毛显强,钟瑜,张胜.生态补偿的理论探讨[J].中国人口·资源与环境,2002,12(4):40-43.

194. 赵超妍.我国海水养殖污染防治法律制度研究[J].知识经济,2011(3):63-65.

195. 赵建东,吴琼.陆海联动打造海洋经济示范区[N].中国海洋报,2013-10-23.

196. 赵珍.现代渔业的内涵及发展战略研究[J].渔业经济研究,2009(5):3-6.

197. 郑榕,蒋红.舟山本岛区域入海排污口现状调查与分析胡益峰[J].海洋开发与管理,2014(7):109-111.

198. 郑新立.将舟山建设成为我国环太平洋经济圈的桥头堡[J].全球化,2013(4):30-38.

199. 中共浙江省委关于认真贯彻党的十七届三中全会精神加快推进农村改革发展的实施意见[N].浙江日报,2008-12-10.

200. 中共舟山市委党校.县情介绍[EB/OL]. http://ssdx.zsdx. gov.cn/DaishanDx/news/690583fd-3192-45b2-be77-3629fd4d1b3d.html,

2012-06-05.

201. 中国城市规划设计研究院.浙江舟山群岛新区空间发展战略规划(专题研究)[R].北京:中国城市规划设计研究院,2011.

202. 中国城市-中国网.舟山新区概况[EB/OL].http://city.china.com.cn/index.php？m＝content&c＝index&a＝show&catid＝188&id＝25907454,2015-01-05.

203. 中国钓鱼网.海钓好去处——舟山朱家尖岛[EB/OL].http://www.18023.com/1141.html,2008-03-12.

204. 中国国土资源报.2013中国国土资源公报(摘登)[EB/OL].http://www.gtzyb.com/yaowen/20140422_62508.shtml,2014-04-22.

205. 中国海岛旅游网.舟山朱家尖[EB/OL].http://www.china-haidao.com/html/house/1103.html,2008-04-10.

206. 中国舟山政府门户网站.舟山群岛新区总体规划[EB/OL].http://www.zscj.gov.cn/zg_index.html,2015-07-17.

207. 中国舟山政府门户网站.舟山市统筹城乡发展推进新渔农村建设五年规划[EB/OL].http://www.ssfcn.com/detailed_gh.asp？id＝27650,2012-08-11.

208. 中华考试网.城市总体规划及其城市规划的定义[EB/OL].http://www.examw.com/City/zhishi/43936/,2008-12-30.

209. 中华人民共和国海岛保护法[N].中国海洋报,2009-12-29.

210. 中华人民共和国交通运输部.河北秦皇岛港坚决确保港口安全生产[EB/OL].http://www.cnbridge.cn/2015/0818/265672.html.2015-8-18.

211. 中加商业周刊.3000亿开发大计——浙江舟山新区人大主任钟达专访[EB/OL].http://ccbt.ziologic.com/main.asp？s_id＝10080&mp_id＝5912&lg_id＝34&newsid＝401.

212. 舟山交通.2014年度舟山市政府个性工作目标完成情况自查报告[EB/OL].http://www.zsjtw.gov.cn/gzfw/newsdetail.jsp？doc_id＝20150615103808_1,2015-06-15.

213. 舟山群岛新区创新运用加减乘除法[EB/OL]. http://www. zjepb. gov. cn/hbtmhwz/sylm/hbxw/201211/t20121108_240193. htm, 2012-11-01.

214. 舟山群岛新区统计信息网. 2014 年全市经济运行情况分析 [EB/OL]. http://www. zstj. net/ShowArticle. aspx? ArticleID=6316, 2015-1-27.

215. 舟山人大. 舟山市人民政府关于全市海域使用管理和滩涂围垦情况的报告[EB/OL]. http://www. zjzsrd. gov. cn/zsrd/chang weihui/changweihuihuikandi6_7_8qi_zongdi/2014/0113/1058. html,2014-01-13.

216. 舟山市海洋与渔业局. 定海区为渔船办理"身份证"和"市民卡"[EB/OL]. http://www. zsoaf. gov. cn/news/c0e56ab1-0e82-459b-a8b2-ce79e45b8480. html? type=SY002,2015-08-27.

217. 舟山市海洋与渔业局(海洋行政执法局). 2012 年舟山市海洋环境公报[EB/OL]. http://www. zsoaf. gov. cn/news/3ab8914e-2201-42b7-8b0e-8b0ca470c247. html? type=00066,2013-04-25.

218. 舟山市海洋与渔业局(海洋行政执法局). 2013 年舟山市海洋环境公报[EB/OL]. http://www. zsoaf. gov. cn/news/621db43a-72e9-4278-8529-01669c347aaf. html? type=00066,2015-04-16.

219. 舟山市海洋与渔业局(海洋行政执法局). 我市两家休闲渔业精品基地通过省级验收[EB/OL]. http://www. zsoaf. gov. cn/news/a031aeec-cfcc-4bc9-8e03-5127ae3a490c. html? type=OA,2014-11-25.

220. 舟山市海洋与渔业局. 2014 年浙江舟山市渔业经济呈平稳增长态势[EB/OL]. http://www. shuichan. cc/news_view-232139. html, 2015-01-16.

221. 舟山市海洋与渔业局. 2005 年舟山市海洋环境公报[EB/OL]. http://www. zsoaf. gov. cn/news/d62c9308-5863-4a0a-8a05-0e257dd0d87a. html? type=00066,2011-12-06.

222. 舟山市海洋与渔业局. 舟山市 58 艘新建远洋渔船获得第一批国家补助资金[EB/OL]. http://www. zjoaf. gov. cn/dtxx/gdxx/2013/

04/22/2013042200024. shtml,2013-04-22.

223. 舟山市环境保护局.舟山:立足环境保护 践行"四个全面"[N].中国环境报,2015-06-25.

224. 舟山市旅游委员会.舟山市"十二五"海洋旅游业发展规划[EB/OL]. http://www. zhoushan. cn/web/xqlt/xqgh/zxgh/201301/t20130131_224278. shtml,2011-09-30.

225. 舟山市农林与渔农村委员会.舟山市坚持"四新"理念 全面推进社保城乡一体化[EB/OL]. http://www. zsnl. com/article/show. php? itemid=4959,2015-09-06.

226. 舟山市普陀区人民政府朱家尖街道办事处.朱家尖概况[EB/OL]. http://www. zhujiajian. com. cn/Tmp/indexContent. aspx? ChannelID=74e0d355-b73d-486e-8a32-a9ad537eb1f6,2016-01-30.

227. 舟山市普陀区人民政府朱家尖街道办事处.朱家尖街道2014年国民经济和社会发展统计公报[EB/OL]. http://www. zhujiajian. com. cn/Tmp/newsContent. aspx? ArticleID=80080859-6ee6-432c-bb66-4d9297c4641f,2015-06-10.

228. 舟山市人民政府办公室.六横临港工业形势发展良好[EB/OL]. http://www. zhoushan. gov. cn/web/zhzf/zwdt/zwyw/201407/t20140717_701892. shtml,2014-07-17.

229. 舟山市人民政府办公室.2015年我市常住人口115.2万人[EB/OL]. http://www. zhoushan. gov. cn/web/zhzf/zwgk/tjxx/tjfxzl/201602/t20160216_810091. shtml,2016-02-16.

230. 舟山市人民政府办公室.舟山市2013年国民经济和社会发展统计公报[EB/OL]. http://www. zhoushan. gov. cn/web/zhzf/zwgk/tjxx/ndtjgb/201403/t20140327_649813. shtml,2014-03-27.

231. 舟山市统计局、国家统计局舟山调查队.舟山市2011年国民经济和社会发展统计公报[EB/OL]. http://www. zstj. net/ShowArticle. aspx?ArticleID=4941,2012-03-31.

232. 舟山市统计局,国家统计局舟山调查队.舟山市2013年国民经济和社会发展统计公报［N］.舟山日报,2014-03-22.

233. 舟山市统计局,国家统计局舟山调查队.2014 舟山统计年鉴［EB/OL］.http://www.zstj.net/tjnjData/? Year=2014.

234. 舟山市统计局,国家统计局舟山调查队.2012 舟山统计年鉴［EB/OL］.http://www.zstj.net/tjnjData/? Year=2012.

235. 舟山市统计局.舟山海洋经济发展调查报告［EB/OL］.http://xxgk.zhoushan.gov.cn/xxgk/auto310/auto337/201303/t20130301_386160.shtml,2011-09-30.

236. 舟山市政府门户网站.舟山市城市总体规划（2000—2020 年）［EB/OL］.http://www.zhoushan.gov.cn/web/xqlt/xqgh/ztgh/201301/t20130131_224247.shtml,2006-12-11.

237. 舟山市政府门户网站.舟山市“十二五”海洋旅游业发展规划［EB/OL］.http://www.zscj.gov.cn/zg_index.html,2015-06-09.

238. 舟山市住房和城乡建设局.舟山群岛新区总体规划［EB/OL］.http://www.zscj.gov.cn/zg_index.html,2016-01-24.

239. 周国强,曲绍东,郭庆祝.我国远洋渔船自动化遥控系统设计模式研究［J］.海洋信息,2013(3):15-17.

240. 周江勇.政府工作报告［N］.舟山日报,2015-02-15.

241. 周南.五大重点工程将强化舟山海洋环保和防灾减灾体系［N］.中国海洋报,2012-08-24.

242. 周世锋.舟山群岛新区发展规划解读［J］.浙江经济,2013(6):12-14.

243. 朱介鸣.物流服务、全球化制造业及城市结构的变化——新加坡案例［J］.城市规划汇刊,2002(3):14-19.

244. 朱旭东,赖臻,吉哲鹏.污染加剧“黄金水源”岌岌可危［EB/OL］.http://business.sohu.com/20111109/n324971420.shtml,2011-11-09.

245. 祝光耀.建立生态补偿机制 推动生态保护与社会和谐发展［J］.环境保护,2006(19):9-11.

索 引

后　记

　　本书是浙江大学承担舟山新区发展的研究项目中有关海洋生态保护议题的研究成果。在项目执行的两年中,课题组成员数次赴舟山地区进行调研,先后走访了舟山当地及辖区内各乡镇共计20多位专家学者和其他政府相关机构。这些机构包括舟山市规划局、舟山市海洋与渔业局、舟山市环保局、舟山市海洋生态监测站等,并召开了数次座谈会,广泛地听取了各方在本研究议题上的经验、观点和看法。这些调研为课题组了解舟山当地的具体情况,形成课题组分析和观察问题的立脚点奠定了基础。同时,本研究也收集了来自当地政府部门的各种公开资料和研究报告,特别是当地区域发展的各种规划和总结报告,并参考了专家学者在国内学术期刊上发表的论文,最终形成了这一研究成果。

　　在研究过程中,浙江大学公共管理学院的博士生和硕士生(朱浩、黄立婉、安超颖等)参加了调研过程,对研究问题进行了深入讨论,并对调查资料进行了系统的整理和分析。在研究中,我们分析了舟山群岛的海岛空间形态和功能规划的特点,就产业发展、海洋生态修复、环境保护和社会参与等问题展开了讨论,以探索如何建设良性循环的海洋生态系统,形成科学合理的海洋开发体系。作为研究重点,我们聚焦于如何促进舟山新区经济的持续发展,分析舟山新区推进自由港建设的过程中所面临的问题及其解决办法,并为舟山群岛的保护与开发提供了政策方面的建议。当然,作为社会研究,我们希望这一研究的价值不仅仅局限在对舟山市区域发展的政策分析上,而且对中国实施海洋强国战略和推进海洋生态保护方面的公共政策和社会政策分析也能够有所助益。

林 卡

2016 年 3 月 18 日